シリーズ
地域の再生 20

有機農業の技術とは何か

土に学び、実践者とともに

中島紀一

農文協

まえがき

「農の道」はどのように拓かれるのだろうか。

農の言葉に「稲のことは稲に聴け、田のことは田に聴け」というものがある。名言である。これは日本農学の先人・横井時敬の言葉とされているが、詳しいことはよくわかっていない。私は、この言葉を、時敬の独創ということではなく、農人たちの優れた、しかしごく普通のあり方を示す言葉として受けとめている。

この言葉には、稲は稲として生きていく、田は田として生きていく、そして、人は稲が稲として生きるあり方に、田が田として生きるあり方にかかわり、それを手助けしていくこと、それが農業技術というものだという、農についての深い認識が示されている。この言葉に則して考えれば、最初の問いへの答えは「稲の道は稲が拓き、田の道は田が拓く」ということになっていく。


いわゆる科学技術が主導する近代化が展開しているいまの時代において、「農業の道」はどのように拓かれるのかと問われた場合の、ごく普通の答えは、「農業生産者の意志と技術によって拓かれる」というものだろう。

詩人・高村光太郎は「僕の前に道はない／僕の後ろに道は出来る／ああ　自然よ　父よ／僕を一人立ちにさせた広大な父よ／僕から目を離さないで守る事をせよ／常に父の気魄を僕に充たせよ／この

遠い道程のため／この遠い道程のため」という詩を書いた（「道程」１９１４年）。力強く美しい詩だ。

私は、高校生の頃、国語の先生からこの詩のことを教えられ強く感動したことを覚えている。しかし、その後、農の道を歩むようになり、近代化の技術論に違和感を覚えるようになり、次第に見えるようになってきた農の道の基本、農業技術のあり方の基本は、どうもこうした光太郎的なあり方とは少し違っていると思うようになってきた。

稲が稲として生き、田が田として生き、そして稲と田が結び合って生きていく姿が見えてきたときに、農人はいま農として何をしたらよいかが見えてくる。農の道は拓くのではなく、開かれるのではないだろうか。あるいは、農の道は自ずから与えられるのではないだろうか。農の道について、そんなふうに感じるようになってきている。

道は拓く意志がなければ拓けない。しかし、道は拓こうとして拓けるものではない。道を求める模索の中で、あるとき道はふーっと見えてくるのではないか。道は道が見えてきたときに開かれる。光太郎の詩でいえば、僕の前に道はないのではなく、僕の前に道は自ずと開かれていくのではないか。おそらくこうしたことを宗教では神の導きと言うのだろう。

冒頭から謎めいた話になってしまって恐縮だが、有機農業の技術論のあり方を仲間たちと共に模索してきた私のいまの一つの結論は「稲のことは稲に聴け、田のことは田に聴け」という農の道の原点への回帰だった。本書でそのことを「低投入・内部循環・自然共生」の有機農業技術論として述べていこうと思う。そこに込めようとした私の考え方の基本は、「攻めの技術論」ではなくいわば「待ちの技術論」と言い換えることもできるかもしれない。

自然共生は作るものではなく、求めるもので、それは模索の中から自ずから形成されていくものだ、というのが、有機農業の道を歩んできた農人のみなさんから私が教えられたことだった。有機農業技術論を「待ちの技術論」として捉え、その骨格を三つのキィワードで整理することによって、技術のあり方という側面から、有機農業を特殊な農業としてではなく、それが農の本道を回復しようとする運動的取り組みであることを示せるのではないかと考えたのである。

本書で書いたことは、私一人の頭で考え構想したことではなく、各地での有機農業のさまざまな取り組みに学びながら、仲間たちと共に集団的に考え論議してきたことの一つの中間報告である。本書で述べたような有機農業の技術論の探求を通して、より広い意味での農業技術論の確立と豊富化が図れれば、そして農家、農民と共に歩む日本農学再興に少しの寄与ができれば、私としては何よりの喜びである。未熟でつたない問題提起ではあるが、前に進むための忌憚のないご批判を期待したい。

「有機農業」という言葉について

「有機農業」「自然農法」「自然農業」「自然農」「不耕起農法」「天然農法」など類似する言葉にはさまざまなものがある。それぞれには提唱者がいて、そこにはそれぞれの思い、思想、理論、そして技術の実際、さらには状況判断が込められており、それらを簡単に一つの言葉にまとめるということはできない。しかし、２００６年に超党派の議員立法で有機農業推進法が制定された時点で、それらのさまざまな提唱や取り組みを法律用語として概括するものとして「有機農業」という言葉が示され、社会も関係者もおおよそそれに同意したという経過もあった。

本書では、有機農業推進法での「有機農業」という言葉の使い方に倣い、さまざまな類似の言葉や実践をおおまかに概括したところに対象を設定し、各種の言葉や取り組みに通底する技術論についての集団的検討の中間報告として「低投入・内部循環・自然共生」というあり方を提起している。私の念頭には「おおまかな概括」という認識があり、しかしそれは「正確な概括」ではないと考えている。できれば本書のような概括を踏まえて、今後、さまざまな言葉の主張者たちの間でより豊富で前向きの論議が進められることを期待したい。

また、関連して日本における有機農業の歩みについて、本書ではその始まりを１９３０年代中頃に宗教家の岡田茂吉氏や農業哲学者の福岡正信氏らが別個に発案、提唱した「自然農法」におき、１９７１年の一楽照雄氏の発案による日本有機農業研究会の設立と「有機農業」の造語はその次の画期と位置づけ、２００６年の有機農業推進法の制定までの歩みを「日本の有機農業第Ⅰ世紀」、推進法制定後を「日本の有機農業第Ⅱ世紀」と期待を込めて整理している。これも日本における有機農業史の詳しい研究を踏まえた正確な規定ということではなく、おおまかな見取り図として提起したものである。予めご了解いただきたい。

シリーズ地域の再生20

有機農業の技術とは何か——土に学び、実践者とともに

目次

第1部

自然共生型農業としての有機農業の技術論

第1章　自然共生をめざす有機農業の技術論

1　「低投入・内部循環」の有機農業技術論

本書の執筆に先立って、本書ではとくに次のようなことについて書きたいと考えた。

「有機農業の技術論の骨格は『低投入・内部循環・自然共生』にあると提起した筆者が、『土の力』に支えられて復興への道を拓こうとしている原発事故の下での福島農業の苦闘や各地の農家の長い実践の到達点に学び、その技術論をさらに広げ深めて展開してみたい。本書で筆者が特に注目していることは『土』であり、土を場として繰り広げられる微生物と植物と動物の共生の世界を踏まえて有機農業技術論は組み立てられるべきだと主張していく。また、農法を自然と人為の共生的連関に成立する歴史的社会的体系と捉え、有機農業技術論を地域農法論として発展的に構想・構築していきたい。

ここでは有機農業技術論は有機農業だけにあてはまる技術論としてではなく、農業論、地域論、社会論の中核的基礎として語っていきたい」

有機農業技術論のキィワードを「低投入・内部循環・自然共生」とするという考え方は『有機農業の技術と考え方』（中島紀一・金子美登・西村和雄編著、コモンズ、２０１０年７月刊）で提起したものだった[1]。これはこの後で紹介する有機農業技術会議や日本有機農業学会での集団的議論を踏まえたもので、この問題提起の核心的認識は次の二つの図に示されている。

すなわち図１−１では、有機農業は「投入の増加によって産出の拡大を図る」という生産関数的世界からの脱却を意図していることが示されている。有機農業は「低投入」にこだわるという認識であり、有機農業技術は「低投入」を前提として豊かな生産力をつくり出そうとする農業のあり方だという主張がそこには込められている。ここで「投入」として

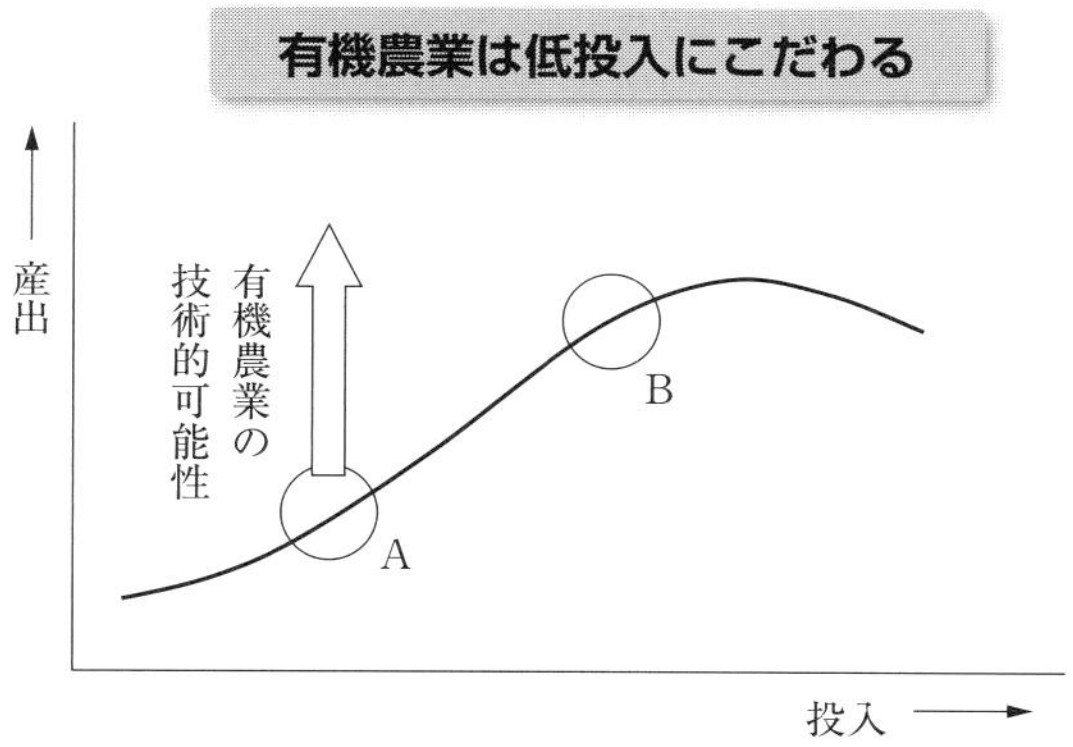

図１−１　農業における投入・産出の一般モデル（収穫逓減の法則）と有機農業の技術的可能性
（中島、2007）

低投入で圃場生態系は豊かになる

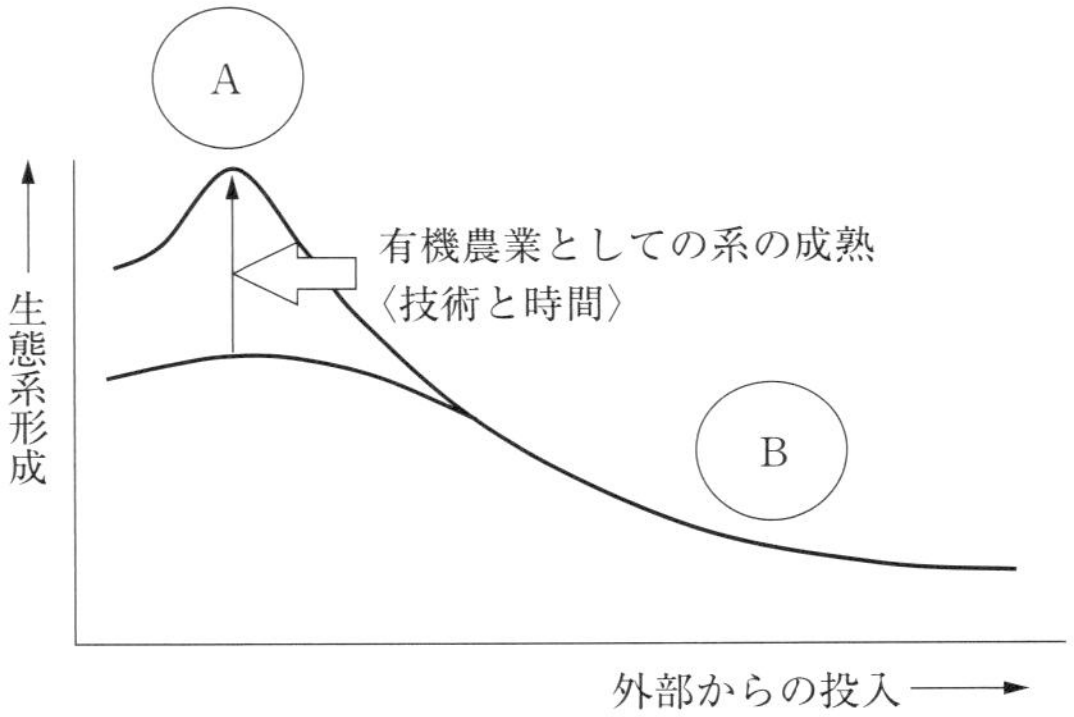

図1-2　農業における内部循環的生態系形成と外部からの資材投入の相互関係モデル
（中島、2007）

想定している代表的な技術は、耕種農業について言えば例えば「施肥」がある。あまり「施肥」をせずに、別の言い方をすれば「施肥」に頼らず、あるいは「施肥」に主導されるのではなく、健全な生育と豊かな稔りを実現しようとするのが有機農業技術がめざす道だという考え方である。経済学等の通常の認識としてはこれはユートピアの技術構想のように受け止められるかもしれない。しかし、農業技術論としては十分に根拠のある重要な認識なのである。

図1-2はその根拠を提示している。これは圃場への投入と圃場での生態系形成の関係を示したもので、肥料などの資材投入の増加は生態系の貧弱化をもたらし、逆に生態系の豊富化は低投入を前提としてもたらされることを主張している。そして有機農業技術は低投入を前提とした圃場内外の生態系の豊かな形成とその高度化を促す行為として位置づけられ、そこでは時間の積み重ねが重要な意味をもつことを示唆している。圃場生態系を豊かに形成する技術の代表は「土づくり」であり、それにはある程度の時間がかかり、その時間

的経過には積極的な意味がある。

図１－１と１－２はセットのもので、有機農業は、「施肥」に頼らず、土の豊かな力に支えられて、健全な生育と豊かな稔りを実現しようとする農業なのだというのがここでの主張なのだ。そしてそのためには、肥料をたっぷり施すというこれまでの農業のあり方を切り替えて、土を豊かに育て、その土の力、すなわち自然の力、そしてそこでのいのちの営みに依存して農業を営んでいこうという考え方がそこにはある。

有機農業は化学肥料を使わず有機肥料だけを使う農業なのだという間違った理解が世間に流布されてしまっている。有機ＪＡＳ制度がこの間違った理解を制度化してしまった。この誤解から化学肥料の多肥に代えて、多量の家畜糞堆肥を施用する有機農業もかつては各地にみられた。しかし、多量の家畜糞堆肥の施用は、化学肥料の施用とは違った形で土の生態系を壊してしまう。だから有機農業においては本来はあってはならない技術なのだ。

有機農業の技術指針として「良質の堆肥を適量施用する」というものがある。この指針はそれとして正しいのだが、有機農業技術の基本的あり方を図１－１と１－２をセットとして考える私たちのいまの立場からすれば、この指針にはもう少し補足が必要だということになる。

まず、堆肥は作物に施用するのではなく土の生態系を豊かに育てるために土に施用するという視点が重要になる。また、施用すべきは良質な有機質肥料ではなく良質な堆肥だという点も重要である。良質の堆肥は粗大な有機物を時間をかけて発酵させたもので、窒素と炭素の比率、Ｎ／Ｃ比は小さい

（窒素比率が低い）ことが一つの特質条件となる。

ここでいま堆肥は土に施用すると述べたが、その意味もしっかりさせなくてはならない。土は堆肥でつくられるのではない。土は土自身として豊かになっていくのだ。良質の堆肥の適切な施用も一つの契機となって、土の内部循環が豊かに回り始め、そこにたくさんの生きものが相互に関連しながら、すなわち共生的に、自己増殖的に土が生きていくあり方を育て、支援していくことが土づくりなのだ。そのためには堆肥以外の有機物の豊富な存在（作物の残渣、雑草等々）やそこでの多様な生きものの生存と活動も重要な前提条件となる。

繰り返しになるが、堆肥等を外から入れて土が豊かになるのではなく、土自身の内部循環の豊富で活発な展開によって土は豊かに育てられる。そこでは多様な微生物や小動物が主導的な役割を果たす。そして肥料等の多投入は、多様な微生物や小動物の共生的活動の自生的な展開の妨げとなる。だから、有機農業においては、低投入を前提に時間をかけて内部循環の豊かな展開を促し、待たなければならないという主張が「低投入・内部循環」というキィワードの提起には込められているのだ。

このように考えてみると、図1－1と1－2で示した「低投入・内部循環」という考え方は単に技術論の課題ではなく、長い歴史の中で農業とはもともとこういうものとして営まれてきたのではないかという認識がそこに込められているということになる。図1－1と1－2をセットとして捉えるという認識の中に農業についての重要な本質把握が存在していると主張したいのだ。だから図1－1と1－2に示した認識は、有機農業技術論の核心というだけでなく、「有機農業とは何か」を語ること、すなわち農業のあり方としての有機農業の自己主張という意味ももっている。近代社会においては、それは特異なタイプの農業形態のように見えるが、しかし、長い歴史の視点からすれば、こうした有機農業こそが農業の王道をめざす営みなのだという強い主張が含意されている。

このように考えてみると、自然と農業の歴史的な関係性という視点からみれば、農業には、自然と共生して自然の恵みをいのちの営みとして活かしていこうとする伝統的な農業と、自然から離脱し、外部からの資材供給を軸に人工的な生産力を追求しようとする近代農業の２類型があることがわかってくる。そうしたなかで、有機農業は、近代農業のあり方を強く批判し、自然共生を軸とした伝統的な農業の継承発展として、有機農業をこれからの農業のあり方として追求してきたし、これからも追求し続けるだろうという私たちの主張が出てくるのである。この点こそが本書の結論なので、それについての詳論は後の章で果たしたい。

２「自然共生」の有機農業技術論へ

ここまでが数年前までの私の有機農業技術論認識の到達点であった。しかし、この図１−１と１−２からだけでは「低投入・内部循環」が有機農業技術論の鍵だということは示し得ても、そのことと第三のキィワードである「自然共生」との連関はすぐには十分に明らかにはなってこない。この不十分さは三つのキィワードを定式化した当時もそれなりに自覚はしていたが、その意味を十分には展開できていなかったというのがその頃の到達点だった。

だが、有機農業技術の展開方向を考えれば「自然共生」概念の内在的定立は不可欠であることも明らかであった。だから、その後の私たちの技術論解明の模索は有機農業における「自然共生」概念の実態的把握と理論的解明へと向かうことになった。

おそらくこの問題と深く関係しているのは「作物の健全な生育の安定した実現のメカニズム」と「豊かな生態系となった有機農業圃場の土の役割と機能」の2要素だろうという予測はついた。また、これまで考え続けてきた農法論の視点からすれば、「農耕と地域の自然との関連」と「農耕における土地利用方式」もそこに強く関与しているだろうという予測はついた。しかし、こうした予測を、技術論の内在的メカニズムとして、どのように実体化していったらよいのか、はよく摑みきれていなかった。

この問いへの答えが見えてきたのは、「土」「作物・家畜」「労働」という農耕を形づくる3要素のなかでもっとも基盤的位置にあるのは「土」だということ、すなわち農業における「土」の本源性に気づいたことと、「土」と「作物・家畜」をつなぐもっとも重要なものが微生物共生の世界の形成と展開だということを教えられてからだった。

「土」の本源的意味については、2001年に茨城大学農学部に赴任して以来、地域の耕作放棄地問題に取り組むことになり、そこでの試行錯誤の中から「農地」と「自然地」の相互性についての具体的な認識をいろいろ得ることができ、それを踏まえて私なりの土壌論を組み立てることができた

（この点は詳しくは第6章と付章1で述べる）。簡単に言えば「農地」は「自然地」からの借り物であり、耕作放棄は「農地」の「自然地」への回帰であり、それは決して悪いことではないという認識である。耕作放棄された「農地」は、「自然地」に戻ることで実に豊かに甦ることを実感できたのである。学生時代に重要な農業経営学理論として学んだ「耕境」の概念が思い出され、またそこにあった近代主義的な認識の歪みも自覚できた(2)。

また、その後「土」の偉大な意味については、福島原発事故後、飛散し大地を汚染してしまった放射性セシウムについて、土が放射性セシウムから発せられるガンマ線を遮蔽し、セシウムを電気的に、物理的に強く吸着・固定し、放射性セシウムの作物への移行をわずかに抑えてくれているという事実を眼の当たりにして、深く感銘することになった。土の力によって放射性セシウム汚染から農業と食べものは守られ、これによって地域で生きていく道が拓かれつつあるのだ（この点は詳しくは付章2で述べる）。

微生物や昆虫や雑草が紡ぎ出す共生的世界については、私よりも少し若い世代の気鋭の研究者の方々から最新の研究成果として教えていただくことができた。

偶然のことではあるが、私たちが有機農業技術論の組み立て作業に本格的に取り組むようになった時期は、土壌微生物研究が、ＤＮＡの群集解析の研究手法の開発を機に飛躍的な発展を遂げた時期とちょうど重なっていた。土壌微生物の世界は人には見えない世界であるが、そこに膨大な種の微生物が、膨大な数で生きており、しかも、その存在様態は環境条件などの変化に対応して流動的で、かつ相互に密接に関連していることは以前から判っていた。しかし、その姿の全体を解明していく手法が開発されていなかったのである。微生物を染色して顕微鏡で観察するやり方や、シャーレなどで特定の菌株を分離培養するやり方がわずかにあるだけだった。しかし、こうした手法だけでは、微生物の世界のわずかな断片を知り得るだけで、その全体像を把握し、その動態をリアルに把握することはできなかったのである。

ところが近年、大発展したＤＮＡ解析の手法が土壌微生物研究にも導入され、バクテリア、カビ、センチュウなどについて、比較的簡便にその群集解析が、相互比較ができる形で可能となり（ＰＣＲ－ＤＧＧＥ法）、土壌生物の多様性についての評価手法もある程度確立し、そのためのデータベースの構築と公表（「農耕地ｅＤＮＡデータベース」）の仕事も進んできた。独立行政法人農業環境技術研究所が中心となって取り組まれた「ｅＤＮＡプロジェクト」（「土壌微生物相の解明による土壌生物性の解析技術の開発」２００６〜２０１０年、推進リーダー對馬誠也氏）の取り組み成果である。[3]

この研究などが基になって例えば土壌病害の大発生のメカニズムなども解明されるようになってきた。

土壌病害の発生メカニズムについてのこれまでの研究は、病害症状の把握、原因病原菌の特定とその密度の判定、その増殖過程の解明、などであり、研究の視点は主として病原菌研究に限定されていた。土壌微生物群集の多様性のあり方が土壌病害の発生に大きな意味をもっているだろうことは判ってはいたが、その問題に切り込む研究手法は開発されていなかった。

土壌微生物の群集解析についての新しい研究手法の開発によって、土壌微生物の多様性が失われていくプロセスを段階的に整理し、それを計測することで、土壌病害の激甚な発生をある程度予測することもできるようになってきた。微生物の多様性が失われたときに土壌病害は激甚に発生することが判ってきたのである。

私たちの有機農業の技術論構築に際して、土壌微生物に関しては茨城大学農学部の成澤才彦氏と独立行政法人農業・食料産業技術総合研究機構北海道農業研究センターの池田成志氏から多くの示唆をいただいた。成澤氏はカビ類の共生的生態を、池田氏はバクテリア類の共生的生態について、従来の顕微鏡観察や培養法などの手法と新しいＤＮＡ群集解析の手法を駆使して農の世界を土壌微生物の視点から描き出すことに成功していたちょうどその時期だった。

土壌微生物のなかでも、根圏に生息する微生物が作物の生育に大きな影響力をもつことが想定される。根圏微生物は、大まかには作物の根などの表面やその周辺で生息する微生物（エピファイト）と作物の根などの内部に入り込んで生息する微生物（エンドファイト）とに分けられる。それらの分析研究はそれぞれかなりの難しさがあるようだが、なかでもエンドファイト研究には大きな困難を伴うことは容易に推察される。そうしたなかで両氏は、研究が手法的に難しいエンドファイト研究に関して多くの先駆的成果をあげておられた。両氏から、農業という営みのもっとも基礎には微生物共生があり、それは主として土を場として展開しているということを教えていただいた。

成澤氏は、森林土壌には多種のエンドファイトのカビ類が生息していることを突き止め、貧栄養条件の下では、そうしたエンドファイトのカビ類と植物との共生関係はほぼ普遍的に存在していることを明らかにした。さらに、エンドファイトと植物との間で栄養物やミネラルの相互供給関係が形成されていることを実験的に解明していた。また、屋久島などの森林土壌から農業的にも有用なエンドファイトを見つけ出し、その農業利用の研究も進めている。最近では、エンドファイトのカビの菌糸にバクテリアが住みつき、作物とカビとバクテリアが共生している姿を電子顕微鏡でとらえることにも成功している(4)。

池田氏は、植物の体内で共生するバクテリアの群集解析に世界で初めて成功されていた。また、氏は、多肥によって、作物と共生的に生きる微生物群の生息が著しく減退し、共生的微生物群の生息が衰えると病虫害が激増することも突き止めている。さらに、作物と共生微生物群の関係には作物側が発信する情報スイッチが重要な役割を果たしていることも明らかにしている。それらの知見を踏まえて、過剰施肥を抑制し、共生微生物の増殖を意図した土壌管理と栽培管理の実施によって、作物の生育が健全化し、病虫害を劇的に抑制できる技術的展望を拓いていた。

また、宮崎大学農学部の大野和朗氏、愛媛大学の日鷹一雅氏からも、圃場内外の生態的諸条件と害虫も含む昆虫生態系の関係について大きな示唆をいただいた。大野氏からは、作物は昆虫との共生も含む多面的な関係のなかで生きており、さまざまな種の昆虫等（天敵も含む）は圃場の雑草やその周辺の里山等を棲み家としており、圃場のあり方と周辺の里山等との関連は、昆虫等との生態的共生関係論としてきわめて重要な意味をもつことを教えられた。大野氏は、また、圃場におけるそうした昆虫類の多様性の実現が作物の虫害抑制に効果があり、そのために混作などの主作物以外の植生の豊富化（雑草も含めて）が、安定した昆虫生態系をつくり、虫害を抑制することも実践的技術として確立されていた（日鷹氏からの教示については次節3で詳しく述べる）。

横浜国立大学の金子信博氏からは、森林土壌の生態的構造が農業に示唆する事柄について教えていただいた。金子氏は、共生的な農の世界は林野の中にその原形があることを突き止めていた。森林や草原の生態系研究から、植物の生長は地上部の光合成だけでなく、地下部の食物網の働きに支えられていること、地下部にはバクテリア、カビ、原生生物、センチュウ、ミミズなどの小動物などと植物の根との複雑な連鎖があり、そのあり方が地上部の生態系のあり方を規定していることを解明していた。また、こうした認識から、農地の保全にはミミズの生息の保全がきわめて重要で、その視点から不耕起栽培の意義と可能性を提唱しておられた。

茨城大学の小松崎将一氏からは土地利用の生態的意味について多くの示唆をいただいた。氏は、土壌保全のためには土壌被覆が効果的だという点に着目され、カバークロップ、敷き草、雑草草生などの技術が土壌炭素の増加など土壌構造の改善に寄与することを、農家圃場の調査と実験圃場での実験で解明していた。これらのデータを基に自然共生型の土地利用と栽培法の構築に取り組んでいる。

そのほかにも独立行政法人農業・食料産業技術総合研究機構農村工学研究所の嶺田拓也氏、同機構東北農業研究センターの長谷川浩氏など、多くの気鋭の研究者の方々から農業の自然共生的あり方についてさまざまなことを教えられた。主としてここ数年のことであった（主として後に紹介する科研費の共同研究「自然共生型農業への転換・移行に関する研究」（２００９〜２０１１）の取り組み過程）。それらの科学的知見は、私たちが進めてきた現場調査、農家調査で教えられ、蓄積してきた諸事実と実によく符合しており、私たちとしては眼を開かされ、また、実に腑に落ちることばかりだった(5)。

これらのことを教えられ、それなりに理解してみれば有機農業技術論のキィワードとして設定した「低投入・内部循環」は第三のキィワードである「自然共生」と内在的に深く関係しており、むしろ土を主な場として展開する土壌微生物、土壌小動物、昆虫や雑草たちが織りなす「自然共生の世界」の形成こそが有機農業技術論のキィワードである「低投入・内部循環」の前提であり、基盤だということ、さらにはそうした共生系の原形は林野の自然の中に形成されている安定した循環系にあるという大きな自然観的構造が見えてくるのである。

そのイメージの骨格を素描すれば次のようになるだろう。

作物と家畜は、地球の表面の陸地で、太陽と土と水から恵みを受けながら相互に関係しながら生きている。それが農耕過程にほかならないのだが、その営みの積み重ねの中から、農耕の内部とその周辺に「農の世界」として認識すべき独特の生態系が創られてきている。その世界の内部連関は、これまで主としてエネルギー、ミネラル、無機栄養、有機栄養などの物質的循環によって支えられ運営されているとばかり考えられてきた。しかし、こうした認識は、まだ皮相的であり、さらに突き詰めていけば、農耕過程の主体性は、すなわち農業技術の主導力は、いま述べた諸要素の組み合わせにあるのではなく、もっぱら作物や家畜が土の恵みの中で生きていくいのちの営みにあるという理解をベースとしていくべきだということに気づかされる。

しかし、この認識はおそらく間違いはないのだが、まだ不十分だったのである。この間、諸氏から私が教えられたことは、実は作物も家畜もその体内に実に多くの微生物を抱えており、それ自体が微生物共生体として存在していること、そして、その身体の表面やその周辺にも、体内の微生物群と密接につながった微生物群が多彩な多様な群集として生きており、それらの微生物（主としてバクテリアやカビや小動物）は相互に関係をもつ生態系を形成していること、それらの微生物群集の主な活動の場は、さまざまな動植物も生きる土だということであった。これらのことを私は、これまでは明確には認識できていなかった。

こうしたこと、すなわち農の営みはさまざまな生きものたちの共生も含む相互関係として展開されてきたということが解ってくる中で、農耕における土の本源性の重要な根拠は、実は、土こそ微生物を主軸としてさまざまな生きものたちの共生の場であり、土はそれ自体が微生物等の共生体だという点に求められるところにまで私たちの認識は深まっていった。従来の一般的農業技術認識は、まずは作物や家畜の生きる営みがあり、その場として土壌があるという程度のもので、土壌は「物理性」「化学性」「生物性」の三つの性質があると並列的に語られるだけであった。しかし、作物や家畜が生きる過程は多種多様な微生物との共生過程でもあり、そうした微生物共生のもっとも重要な場が土壌だったのである。こうしたことをこれまでしっかりとは認識できてはいなかった。

植物が太陽のエネルギーをでんぷんに変えていく葉緑体による光合成も、進化論的な歴史を遡れば、微生物共生の一つとして獲得してきた機能だということも最近になって知られるようになっている。ということは緑色植物だけでなく、微生物のなかにも光合成の重要な担い手がいることもしっかりと認識すべきだということになる（微生物類も生産者だという認識）。また、植物も動物も栄養吸収はそれぞれ自分自身の力で行なっているとばかり考えられてきたが、そこにはたくさんの微生物の働きが介在しており、栄養吸収やそれに伴う物質循環は微生物共生系の一つの重要な機能としても位置づけられるという考え方が見えてきたのも最近のことだった。さらに植物も動物も生育には健康と不健康という状態があり、微生物共生のあり方が健康や不健康と強く関連し、免疫性、耐病性などの作物や家畜の生きるあり方にも強く関与していることも知られるようになってきた。病原菌の世界も、微生物共生の全体的あり方によって規制される相対的なものとして理解できるようになってきた。

空中窒素の固定については根粒菌のすばらしい役割は広く知られているが、根粒菌ほどではないとしても窒素固定機能をもつ微生物や藻類はほかにも少なからずいて、さまざまな場面で、空中窒素を固定し生物＝土壌循環に取り込んでいることも知ることができた。

また、昆虫、そして草木の実や昆虫を食べる鳥類と作物や家畜の相互関係の多彩さも明らかになってきた。作物の受粉に昆虫が強く関与していることは古くから知られてきたが、昆虫や鳥たちが、農地やその周辺の自然と農耕を能動的につなぐ重要な役割を果たしてきていることを農業技術論として重要な位置づけをしていくことはできてこなかった。

私が学生の頃、母校の理学部生物学科は動物専攻と植物専攻の2専攻で構成されていた。ここに端的に示されているように、生物についての昔の理解は「動物」と「植物」によって構成されるというもので、そこには「微生物」についての体系的位置づけはなかった。しかし、その後、微生物の世界の解明が飛躍的に進み、現在では生物界は「動物」「植物」「微生物」の3群によって構成されているというのが、高校生物学などの標準的組み立てとなっている。さらに、主として環境問題への理解の深まりのなかで、3群の関係は「植物＝生産者」「動物＝消費者」「微生物＝分解者」という位置づけもごく普通の認識となってきた。こうしたことを振り返ってみると、生物についての社会的認識は大きな進化を遂げてきたことがわかる。

しかし、上述のような生き物共生の世界への理解ができてくれば、いま述べた3群の関係はもっと多面的であり、とくに微生物には単に分解者としてあるだけでなく、生産者、消費者、そして生きもの世界の内在的な関係形成者としての総合的役割があることが理解されてくる。

このような土壌を基盤とした動物、植物、微生物の多彩で安定な共生的関係は、林野において安定して形成されてきた。それに対して農耕という営み、農地という土地のあり方は、ともすれば共生関係が壊れやすい不安定なもので、自然の営みとしては特殊な系だということができる。だから農耕にとって周辺林野からの補給や依存が重要であり、そうした意味も含めたより意識的な自然共生の追求が不可欠なのである。

また、最近の微生物共生の研究から、育苗過程の微生物環境が、その後の作物の耐病性などの生育特性に重要な役割を果たすということも知られるようになっている。トマトの育苗を雑木林内で行なうと移植後も病気にかかりにくいという研究結果も耳にした。

関東の野菜栽培の伝統技術に「踏み込み温床」（落ち葉等の発酵熱育苗）があるが、その苗はしっかり育つことはよく知られている。昔からの農の言葉に「苗半作」という名言があるが、これはおそらく育苗段階の微生物環境が、微生物共生型の作物を育てるという真実を経験として見抜いたものだったのだろう。付言すれば微生物共生というものいのちのあり方は、遺伝的というよりもとりあえずは後天的なものだという点にも留意しておきたい。

また、ここから例えば「焼き畑」方式の重要な意味が見えてくる。

農耕地は安定した循環系を育んできた林野から草木を剥ぎ取り、その成果物たる土壌だけを裸にしておいて、土壌に蓄積されてきた生産力だけを取り出して作物や家畜を栽培、飼育し続けようとするのだから、そこには当然無理も多い。こうした無理のもっとも普通の解決策としては、農耕地をある周期で元の林野（自然地）に戻すこと、すなわち焼き畑方式があった。長い農耕の歴史の中で、焼き畑方式は、つい最近までたいへん重要で普遍的なものとして継続されてきた。関東地方あたりの気候風土でいえば、その周期は農耕地4～5年、林野20～40年くらいだったようだ。しかし、焼き畑方式は定住的生活様式にとってはさまざまな負担のある農耕方式で、だから焼き畑から常畑への移行も難しい課題ではあったが常に志向されてきた。焼き畑から常畑へ、そして常畑を安定した農耕方式としてどのように維持運営していくのか。農業技術とは、主として焼き畑方式から常畑方式に移行するプロセスで求められ成立していく歴史性のある経験と知の体系であるという理解もできてくるのである。

3　自然共生論と成熟期有機農業論

第2章で詳述するが、私たちの有機農業技術論キィワードには「低投入・内部循環・自然共生」と併せて「成熟期有機農業」がある。

有機農業の実際は、それぞれの農家の考え方や立地条件、歩みなどに規定されて、実に千差万別で、それを一つの論理や図式で整理することは難しい。しかし、信念をもって長年、有機農業に打ち込んできた農家を訪ねるとそこには共通した風格を感じとることができる。そこには安定感と深まりと豊かさが感じられる。さらにその到達点を技術的内容として整理してみると、ほぼ共通して析出できたのが実は「低投入・内部循環・自然共生」の3概念とその連関だったのである。そこで有機農業の発展、展開、充実をとりあえず発展段階的に捉え、それらの先駆的農家群が切り拓き、つくり上げた境地を「成熟期有機農業」と名づけてみた（図1－3）。

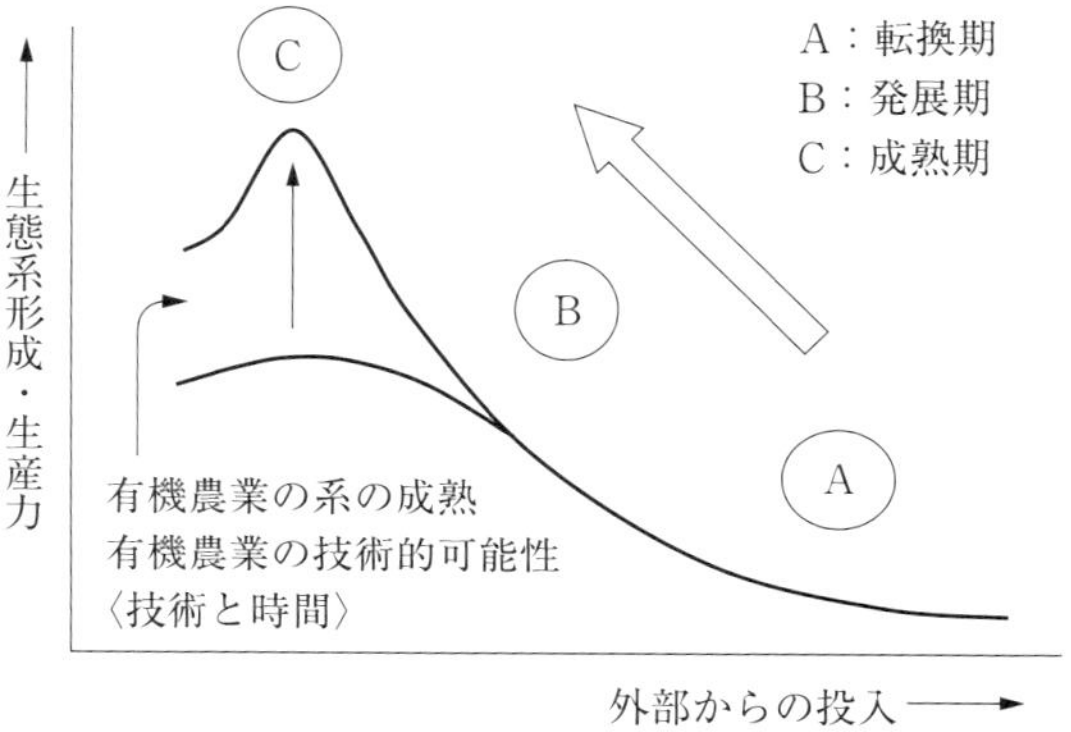

図 1-3　有機農業展開の３段階

有機農業の先駆者たちはいずれも個性的であり、独自の農業論をもって田畑と地域の自然と向き合ってそれぞれに農の道を歩んでこられた。だから具体的な歩みの経過はそれぞれであるのだが、まことに不思議なことだが、その到達点はきわめて似ていた。そこにはほぼ共通して「低投入・内部循環・自然共生」の有機農業が創られていたのである。こうしたステージの有機農業を私たちはとりあえず「成熟期有機農業」と呼ぶことにしたのだが、そこには明らかに安定した高度な複雑系としての「農の世界」が拓かれていた。それは単なる技術発展のステージではない。そこには一つの「世界」が拓かれていると感じられるのである。

こうした「成熟期有機農業」という捉え方に関して、２００８年12月に秋田県立大学で開催された日本有機農業学会の大会特別講演で高橋史樹氏（広島大学名誉教授で日鷹氏の恩師）からきわめて示唆に富むお話を聞くことができた。(6)

高橋氏は害虫防除を専門とする個体群生態学の碩学で、害虫と天敵の関係について深い研究を続けてこられた。その研究成果を農業技術論としてまとめたものが『対立的防除から調和的防除へ』（農文協、１９８９年）だった。

害虫と天敵の1対1の関係では、害虫に対して強い捕食力のある天敵は、害虫の大発生の後に害虫を食べて増殖し、間もなく害虫を食べ尽くし、餌を失って天敵も衰退していく。高橋氏の表現では天敵には、「莫迦な天敵」と「賢い天敵」がいて、右のような天敵は、農業技術としては有益だが、天敵自身としては、自ら自滅の道を進んでしまう「莫迦な天敵」ということになる。それに対して、害虫に対する捕食力はほどほどで、害虫を食い尽くしはしない天敵は、害虫の個体群を低密度に抑えるが、餌となる害虫もほどほどに生き残るので、天敵自身も衰退はせず、こういう種類の天敵は、農業的には利用価値が小さいように見える。しかし、天敵自身としては、自らが生きていく道を残す「賢い天敵」だというのである。「賢い天敵」においては、大発生した害虫を劇的に抑えるという点では弱さがあるが、少し時間はかかるが低密度になった害虫は、農業被害はあまりもたらさず、しかも、そうした状態が持続するから、大局的にはとても具合のよい天敵利用になるという。

さらに高橋氏は、天敵が害虫を抑えるあり方を「平衡点」と呼び、その平衡点は二つあるというのだ。とりあえず第一の平衡点は、莫迦か賢いかは別として天敵が一応害虫密度を低下させきる時点のことで、通常の天敵利用の農業技術はこの平衡点を求めていく。しかし、高橋氏によればこの第一の平衡点は必ず崩れていくという。害虫も必ず生き残る害虫がいてそれらが世代を重ねると、共進化のなかで天敵に食い尽くされない条件や力を身につけていくというのだ。また莫迦な天敵も世代を重ねるなかで次第に賢い天敵になっていくという。こうして天敵利用技術の農薬にも劣らない劇的な成功は間もなく潰《つい》えていく。

しかし、そこからさらに世代を経ると、害虫密度が安定して高まらない第二の平衡点がつくられていくというのだ。第二の平衡点は害虫と天敵の単純な対応関係ではなく、さまざまな昆虫、さまざまな植物、さまざまな微生物等の多様な生きものたちの複雑な共生系が形成されるなかで見いだされるのだと高橋氏は語るのだ。

高橋氏と日鷹氏は、右に述べたような生態学的仮説を踏まえて、長く自然農法に取り組んできた農家を詳しく調査し、そこにほぼ共通して安定した複雑系が形成されていることを突き止めている。日鷹氏の学位論文『自然・有機農法と害虫』(冬樹社、1990年)はそのフィールドワークを踏まえてまとめられたものであった。

日鷹氏はその後もこの問題の追求を続け、安定した複雑系を構成する多種多様な「ただの虫」の概念とその重要な意味を農業界に広め定着させ、さらに、最近では複雑系の内部構造の実態的解明に取り組んでおられる。

高橋氏や日鷹氏のこれらの研究は、作物栽培のあり方を大きく変えることなく、天敵やフェロモンなどを組み合わせて害虫抑制を図ることに止まっている現状のIPM技術(総合防除技術)の限界を見事に射抜き、それを乗り越えようとするものと言える。

そして、高橋氏や日鷹氏が見いだした「ただの虫」などによって構成される安定した高度な複雑系は、いま私たちが有機農業の到達点として認識した自然共生的な「成熟期有機農業」とほぼ同じものと考えられる。さらに付言すれば、そうした安定した高度な複雑系は、農の営みの中からつくり出され、編み出された農の世界だという点も重要だろう。だからこうした安定的でかつ活性のある複雑系の形成は生態学の理論というよりもまずは農業論としてこそ語られるべきなのだ。

4　農の世界の独自性と普遍性

有機農業技術の本質的特性はどこにあるのか、さらには農業技術の特性とはどんなことなのか、をめぐって以上のように考えてくると、その原点には生きものたちの自然な生き方、自然生態系があるという認識にたどり着く。私たちが数年前に定式化した「低投入・内部循環・自然共生」という有機農業技術論のキィワードも、「成熟期有機農業」という展開方向の提起も、結局は、農の道は、自然に向き合い、自然に支えられ、自然の恵みを感謝を込めていただいていく道なのだという考え方の線上にあることが判ってくる。農にとって自然は、そしてその一番の土台となっている土は、文字どおり母なる存在なのである。母なる大地、母なる自然なのである。

しかし、ではこの道を求めていけば、究極的には農は自然と一体のものとなっていくのか、と問われると、それも少し違うだろうという感想が湧いてくる。第5章で「農法」について述べるが、そこでも、農は自然と人為の中間に存在する営みで、その主たる対象は「半自然」「半人工」だと位置づけておいた。現代社会の現実としては、農の営みはともすると「反自然」「脱自然」的な方向に突き進んでしまっており、そうした流れへの強い批判として私たちの農業技術論は組み立てられてきた。しかし、ではそうした農の本来のあり方は、ただ単に自然と一体のものへと進んでいくのかと問われれば、それも少し違うだろうというのが現在の私の考えなのだ。

詳しくは第5章で述べるが、「農法」の基本的構造、その社会的あり方は次のように言うことができる。

「農業は両者（採取的生業と工業）の中間にあって、母なる自然から耕地、作物、家畜などを、特殊な特化した自然として取り出し（そこに労働を注入、蓄積させ）その半人工的な自然の場で自然の生命的力を活かした生産活動を展開する。フローとしての生産活動は工業と類似した様相をもつこともあるが、ストックとしての耕地、作物、家畜などは発生の母体たる自然の体系から切れることはできず、人の手になるミニ自然を再生産し続けなければならない。その場合とくに、耕地、土壌の生態保全（物質的、生命的）が重要な位置を占める。こうして『農法』は、ややもすると工業的方向に進みがちなフローのベクトルと、自然の生態的バランスを前提とするストックのベクトルの接点に形成される」

近代農業における自然離脱の流れを反転させ、農業の具体的営みとして「自然との共生」をめざすという方向は、さまざまに粘り強く追求されるべき課題なのだが、しかし、その追求はどこまで行っても「自然との一体化」には到達できないし、到達することはない。なぜなら作物や家畜は野生生物ではなく作物であり、家畜なのだから。また、農地はどこまで行っても農地であって自然地ではないからだ。焼き畑などに見られるように、自然地と農地の相互的あり方もあるとしても。田畑は耕され、種は播かれ、雑草は抑制される。農地生態系においては常に作物が圧倒的な優占種として存在し続け、自然的な極相への生態系の遷移は強引に押し止められるのだ。

農牧の営みの中でもっとも自然との一体性が強いと思われる中央アジアの遊牧民たちの見渡す限りの草原も、自然のままの草原ではない。そこで圧倒的優占種として生きているのは羊であり、山羊であり、牛であり、馬であり、駱駝《らくだ》であって、それは野生動物ではなく人が世話する家畜であり、草原はそうした草食動物たちには食されることを前提に成立している。

このことは自然の側から考えても自明である。自然は農耕も含めた人間の生存のために形成され存在しているわけではない。ただここで重要なことは、自然の懐は深く、人間のある種の勝手も、受け入れ、包み込み、そこにある程度の持続的安定性をつくってくれる力、包容力があるという点だろう。そして伝統的農耕は多くの場合、自然の包容力の範囲内で、いわば「則《のり》」を超えず、人為の可能性の試行錯誤的追求のなかで、自然との調和点を探し出し、結果として人為の持続可能性の世界をつくり出していると考えられるのだ。

生態学の一分野として保全生態学という領域が拓かれ、農と自然との共生的あり方を求める私たちに多くの示唆を与えてくれている。

植物生態学のよく知られている理論に、クレメンツが定式化した「遷移の理論」がある。(7) 裸地にはまず一年生草本が芽生え、しばらくするとそこは多年生草本が優占となり、さらに時間が経つとそこに樹木が生え始め、樹木は低木から高木に移行し、最終的にはその土地の気候的、あるいは土壌的条件にもっとも適合した特定の種類の樹木が圧倒的優占種となる極相に到達し、極相は安定して永続していくという理論である。

この「遷移の理論」は自然界では幅広く確認される普遍性のある理論だが、しかし、現実の地球上の植生は極相だけではない。さまざまなステージの植生がパッチ状に複雑に存在するというのが実際なのだ。普遍的な法則理論として「遷移の理論」が働いているにもかかわらず、なぜ現実には多様な植生が存在しているのか。この問いに対して保全生態学は、そこに「かく乱」の契機がさまざまに働いているからだと答えている。そしてその「かく乱」には大雨、嵐、雷、山崩れ、山火事などの自然的なものもあるが、人為的かく乱もある。長い歴史の中で伝統的農業は人為的かく乱の代表的なあり方として存在し続けてきたと保全生態学は農業について位置づけている。そして生態学的に見てそれは適度なかく乱だったのであり、だから極相に向かって単純化していくはずの自然は、現実には多様性のある自然として今に至っているのだと解説してくれる。生物多様性の宝庫として高い評価がされている里地里山の自然、そしてそうした環境に囲まれて、農村的、農耕的自然が成立しているというのが保全生態学の解説なのだ[8]。

おそらくそのとおりなのだろう。しかし、この解説、「伝統的な農耕の営みは適度なかく乱だ」という保全生態学の解説は私たちにとってあまりにも都合がよすぎはしないだろうか。

農耕の営みは「適度なかく乱」を意図して行なわれているわけではない。農耕の営みはまずは何よりも農耕の都合で進められているのであり、保全生態学が判定してくれた「適度なかく乱」は主体的意図によるものではなく、結果評価の概念なのである。私たちの農業技術論の実践と主張は、やはり保全生態学とは異なったものだということについてもう少し丁寧に考えるべきではないのか。

伝統的な農耕のあり方を、どんな方法や尺度で「適度なかく乱」と判断するのか、「適度」の中身はどんなことなのかは生態学としてはおそらくとても重要な論点なのだろう。しかし、とりあえずそれらの事柄は私たちの農業技術論にとってはまだ外側にある問題だろう。伝統的な農耕は短期、長期の試練の中で、試行錯誤を繰り返しながら、「適切さ」を求めて積み上げられてきた。農耕の現場で問われてきた「適切さ」は、それらの試行錯誤の繰り返しのなかから見えてくる農耕の意図、農耕の行為としての「適切さ」であって生態学的な「適度」ではなかった。だから厳密に言えば農の立場からすれば、その行為の農としての「適切さ」は厳しく問われるが、それが生態学的自然論としてどれほど「適度」であるかは仔細には問われないのだ。

伝統的農耕の個々の行為についての生態学的自然論としての「適度」のあり方には、おそらくかなり大きな幅があるのだろう。場合によっては、農耕としては「適切」でも、生態学的には「適切さ」に欠ける行為もいろいろあっただろう。逆に、生態学的には「適度」とは評価できなくても、農耕としては適切だと判断されてきたこともたくさんあっただろう。そして、結果として、伝統的な農耕は、全体としてみれば、その周辺に、ほぼ普遍的に優れた里地里山の自然をつくってきており、そこには自然論としての大きな失敗はそれほど多くはなかった(9)。

これは自然破壊を果てしなく続けてきた工業化社会の現実と引き比べてみると、実に驚くべきことだ。なぜ農においてはそのようなことが、意図することなく、ほぼ普遍的に実現されてきたのか。それはおそらく伝統的な農耕の営みには安定した自然的生態系、農生態系とも呼ぶべき独自の自然のあり方をつくり出す内容と力と方法があったからだと思われる。

私としては、ここで農耕という言葉を自然の恵みに支えられて営まれる人々の暮らし方も含めたより広い概念として、農という言葉に置き換えたうえで、ここにこそ農の世界の独自性と普遍性があるのだと考えたい。もちろん農の独善性は排されなければならないし、自己を振り返り、広い立場から問題点を見つめて、正していく努力は必要だろう。自然への畏敬をもち続け、それへの恐れを失わず、してはいけないことを忌避、禁止していく作法も大切なのだろう。しかし、農の道はこれからの人類の長い時間において地球の自然と共生していく力と可能性をもっていることは確信してもよいように思うのだ。伝統的な農は、意図的な生態学的農耕として営まれてきたわけではない。農は農として、試行錯誤の中にも農の論理を貫こうとして積み重ねられてきた。その農が、生態学的にも高く評価できる農村的農耕的自然をほぼ普遍的に形成してきたのである。農には農の論理があり、そこには新しい自然をつくる力と論理が秘められていた。それは何故なのかと問われれば、農は人々が自然と共に生きるなかで見つけ出してきた大きな文明的道だったからだろうと答えるほかはないだろう。

こう考えてみると、私たちの「低投入・内部循環・自然共生」の有機農業技術論の提起、「成熟期有機農業」という展開方向の提起は、私たちとしてはやっとたどり着いた到達点ではあるのだが、人類史的長い展望においては、この到達点とそこでの認識を、これからの本格的農業展開への出発点としなければならないと思えてくるのである。

注

(1) 本書で提案する有機農業技術論は、本文でも書いたように２００６年の有機農業推進法制定を機として取り組まれた集団的論議を踏まえたものである。これに関して著者がこの間公表してきた技術論関係の著作には次のようなものがある。ご参照いただきたい。
中島紀一・金子美登・西村和雄『有機農業の技術と考え方』コモンズ、２０１０年
中島紀一『有機農業政策と農の再生――新たな農本の地平へ』コモンズ、２０１１年
中島紀一「農業技術の時代的課題と展開方向――自然離脱の近代農業から自然共生型農業への転換」『21世紀農業・農村への胎動』(「戦後日本の食料・農業・農村」第6巻)、農林統計協会、２０１２年

(2) 加用信文「耕境の考察」１９４２年、加用著『農業経済の理論的考察』御茶の水書房、１９６５年所収

(3) 独立行政法人農業環境技術研究所、ｅＤＮＡプロジェクトホームページ
對馬誠也「ｅＤＮＡを活用した効率的かつ高精度な土壌診断技術～土壌ＤＮＡの解析によって土壌の微生物相を評価する～」２０１１年

(4) 成澤才彦『エンドファイトの働きと使い方』農文協、２０１１年

(5) 文科省科学研究費「自然共生型農業への転換・移行に関する研究――「成熟期有機農業」を素材とし

て」（基盤研究B・2009〜2011）の研究成果については左記の報告資料を参照いただきたい。成澤、池田、大野、金子、小松崎、嶺田、長谷川氏らによる本書にかかわる研究成果の概要についてもとりあえず下記の報告資料を参照いただきたい。

中島紀一編「自然共生を目指す有機農業への新たな道——茨城の現状を踏まえて」2012年2月11日（於茨城大学農学部）、公開シンポジウム報告資料集

中島紀一編「明日を拓く有機農業の今——3年間の共同研究を振り返って」2012年3月4日（於立教大学）、公開シンポジウム報告資料集

（6）高橋史樹「対立的防除から調和的防除へ——自然・有機農業の背景を振り返る」『有機農業研究』第1巻第1号、2009年

高橋史樹『対立的防除から調和的防除へ——その可能性を探る』農文協、1989年

日鷹一雅『自然・有機農法と害虫』冬樹社、1990年

日鷹一雅「農生態学からみた農山漁村の生物多様性の評価と管理」日本農学会編『農林水産業を支える生物多様性の評価と課題』養賢堂、2011年

日鷹一雅「ギルド構造から垣間見た水田群集の実際的食物網と潜在的食物網」『日本生態学会誌』第62巻、2012年

（7）クレメンツ（1874〜1945）の「遷移の理論」についてはとりあえずオダムの左記の教科書を参照されたい。

ユージン・P・オダム『基礎生態学』三島次郎訳、培風館、1991年

（8）保全生態学についてはとりあえず鷲谷いづみらの左記の入門書を参照されたい。

鷲谷いづみ・矢原徹一『保全生態学入門』文一総合出版、２００２年

（9）農耕の歴史を振り返れば、そこには自然論の視点から見ていくつもの失敗も繰り返されてきたという事実も見過ごすことはできない。自然論としての失敗は農耕の失敗につながり、そうした農の世界は滅んでいった。農のこうした手痛い失敗の歴史について、「土」に視点を当ててまとめられた最近の好著としては次の著作がある。

デビッド・モンゴメリー著・片岡夏実訳『土の文明史』築地書館、２０１０年

第2章 「低投入・内部循環・自然共生」の有機農業技術論確立へのプロセス

1 確立されていなかった有機農業技術論

現時点では私は、有機農業技術論について、おおよそ第1章のように考えている。しかし、すでに述べたがこうした考えは、以前から明確なものとして確立できていたわけではない。それは、おおよそ有機農業推進法が制定される前後の時期からの、具体的には2004年頃からの模索、探求の中で次第に見えてきて、固めてきた考え方である。

その模索、探求は私だけのことではなく、有機農業推進法の制定を求める仲間たちとの集団的な取り組みとして進められてきた。第1章で述べた現在の私の有機農業技術論の内容の多くは、集団的な模索、探求の中から得られ、教えられたものである。私は、有機農業技術、より広く言えば農業技術は、農に携わる農人たちのものであり、その技術論も、農人たちが皆でつくり上げ共有すべきものだと考えている。だから、この本で提起した有機農業技術論の前提に、集団的な模索、探求のプロセスがあったということはとても重要だと考えている。そこで本章では、第1章で述べた技術論の析出はどのような検討過程を経たものだったか、その社会的背景にはどんなことがあったのかについて具体的に紹介することにしたい。

技術論がまとまった形では整理されてこなかったのは、私だけの限界ではなく、有機農業の世界での一般的状況でもあった。

有機農業は技術論を一つの軸として形成、展開してきた農業運動であるにもかかわらず、どういうわけかそこにどのような固有な技術論が秘められているのかについては、突き詰めた議論は進んでこなかった。

日本の有機農業のはじまりは1930年代に宗教家の岡田茂吉氏や農業哲学者の福岡正信氏らの提唱で始められた在野の農業運動であり、すでに70年余の伝統がある。1971年には農業協同組合運動のリーダーだった一楽照雄氏の提唱で日本有機農業研究会が設立され、それ以降、社会運動としての幅広い広がりがつくられてきた。岡田氏や福岡氏は自らの提唱を「自然農法」と呼称したが、それらの類似するさまざまな取り組みに「有機農業」という言葉をあてたのは一楽氏で、それは同研究会の設立時に氏によって造語されたものだと伝えられている。

同研究会の設立趣意書（１９７１年10月）には有機農業技術について次のように述べられている。「この際、現在の農法において行なわれている技術はこれを総点検して、一面に効能や合理性があっても、他面に生産物の品質に医学的安全性や、食味の上での難点が免れなかったり、作業が農業者の健康を脅かしたり、施用する物や排泄物が地力の培養や環境の保全を妨げるものであれば、これを排除しなければならない。同時に、これに代わる技術を開発すべきである。これが間に合わない場合には、一応旧技術に立ち返るほかはない」

ここには当時の有機農業技術形成の実情が映し出されている。有機農業の必要性は明らかなのだが、そのための技術的道筋はまた見えていなかったというのが当時の状況だったのだろう。

有機農業は志のある農業者や消費者の自主的取り組みとして進められ、そのプロセスでさまざまな技術的チャレンジが繰り返され、その様子は相互に交流され、個別的な取り組みや経験がより一般性のある技術に仕上げられ、その過程で、そこに貫かれている技術論についてもさまざまな提案や議論もされてきた。しかし、残念ながら、そうした取り組みは大きく明確にはまとめられないままに来てしまったというのが現実であった。

もちろん１９７０年代の当時と比べれば、有機農業技術の開発、確立はすばらしく前進してはいるが、それらを取りまとめ総括する営みは成果といえるほどのものをつくり出せていない。個別の農業者、個別の事例、個別の地域、個別のグループとしての技術と技術主張はそれぞれ優れたものとして提起展開されているのだが、いわば百家争鳴的な状況のままで、まとまりがつき切れない状態が続いてきてしまっているのだ。

2　有機ＪＡＳ制度と有機農業技術論の歪み

有機農産物の販売表示をめぐる社会的混迷が、有機農業技術論の未確立というこうした状態をさらに悪くしてきてしまっている。

有機農産物等の販売表示のあり方をめぐっては１９８０年代の終わり頃からさまざまな社会的論議や社会的試みが重ねられ、それは結局、グローバル化の世情に押されて、ＷＴＯコーデックス委員会の国際基準に準拠した有機ＪＡＳ制度が２００１年から強制的法制度として施行され現在に至ってしまっている。

この有機農産物の商品としての販売表示基準の議論と制度には有機農業に関する基本的な認識において決定的な間違いがあった。

有機農業は農業のあり方をめぐる運動的取り組みであって、特別仕様の農産物商品を生産するための農業システムではない。にもかかわらず有機ＪＡＳ制度等は、有機農産物の商品基準をもって有機農業のあり方をその技術も含めて社会的に縛ってしまおうとしているのである。

この制度においては、有機農産物の特別性を証明するために非有機農産物（慣行農業の生産物等）との違いを技術基準によって強調しようと躍起になるが、そんなことは現実には無理であり、無意味なことが多い。なぜなら、有機農業も非有機農業もともに農業であり、そこには違いもあるが共通性も当然たくさんあるからだ。有機農業と非有機農業との間には異質性もあるが、連続的な同質性も多くあることも当然なのである。どぎつい言い方をすれば有機のトマトも非有機のトマトもトマトはトマトだというところはたくさんあるのだ。

にもかかわらず有機農産物の表示と認証にかかわる議論は、有機農業と非有機農業の違いばかりに関心を集中させ、そこに明確なあいまい性のない一線を文言として引こうとばかりしているのである。有機農業が本来問おうとしていることは、農業のあり方であり、それは当然収穫物の特質の違いとしても現れることは事実だが、それが全てではない。有機ＪＡＳ等の技術基準に沿って栽培すれば、その収穫物は有機ＪＡＳの認証を受けられるだろうが、その営みが有機農業と呼ぶにふさわしいかどうかは直ちに判断できることではない。また、収穫物の質という点でも、有機ＪＡＳ認証の農産物にも、これを有機農業の収穫物と社会的に主張することは憚《はばか》るべきだと言いたくなるようなものもまま存在している。それは当たり前なのだ。有機農業にも成功もあり、失敗もある。有機ＪＡＳの規格基準をクリアし認証を取得したとしてもその農業が有機農業として失敗となってしまっていることも当然あるのであり、それを有機農産物として社会的に表示しても本質的には意味のないことなのだ。

有機農業として第一に問われるべきは、認証表示ができるかどうかではなく、失敗や一時的な後退があっても、それらの営みの積み上げの中から、土の豊かさが育てられ、土の恵みに活かされて健康な作物が育ち、豊かな稔りを迎えられるような農業を創っていくかどうかにある。商品の表示基準から有機農業の技術基準を策定するという議論のあり方に根本的な間違いがあるのだ。

有機農業も農業であり、しかも歴史的に形成されてきた近代農業を批判し、より農業らしい新しい農のあり方をつくり出そうとする運動的な営みなのだから、その内容には試行錯誤があり、変化があり、そして常に深化してきている。そうした有機農業を固定的な基準だけで縛っていくことはできるはずもないのだ。表示と認証の議論と制度には、有機農業のこうした試行錯誤、変動、深化の側面への認識が著しく弱い。本書では、「成熟期有機農業」という概念を提起しているが（第1章3）、こうした概念の設定は、表示と認証の議論には体質的に馴染みにくい。

なぜこんなおかしな状況がつくられてしまったのだろうか。そこにはさまざまな社会的事情のからみ合いがあり、すっきりした説明は難しいと思うが、根本的には、有機農業についての認識を「安全な農産物つくり」「無化学肥料・無農薬・遺伝子組み換え不使用」の農業だとだけ考えることから認識をスタートさせてしまった誤りを指摘しなければならない。

有機農業は、基準を満たした有機農産物つくりのための特殊農法の農業なのではなく、農業の本当のあり方を求める農業運動なのだ。「安全な農産物」はその運動的営みの一つの結果であり、「無化学肥料・無農薬・遺伝子組み換え不使用」は重要だが一つの前提条件にすぎないのだ。にもかかわらず、有機農業が社会化していくプロセスで、そのことへのきちんとした社会的認識がつくられないままに、有機農業は「安全な農産物つくり」「無化学肥料・無農薬・遺伝子組み換え不使用」の農業だとの一面的で不十分な認識を前提として表示と認証の制度化と運用が進んできてしまっているのである。

この制度の基準と運用の実際をみても技術論としておかしな点がたくさんある。以下、その一端を紹介したい。

例えば有機ＪＡＳ制度には「有機農産物転換期間」という規定がある。有機農業を始めて２～３年は純粋な有機農業とは認められないという考え方である。なぜ認められないのかは制度上は明確に示されてはいないが、その期間は慣行農業時代から引き継いだ汚染が田畑に残っているという解釈が普通のようである。また、化学肥料や農薬などの規格基準として認められていない化学物質の飛散汚染がないように有機圃場の周囲は「緩衝地帯」に囲まれていなくてはならないという規定もある。もし、緩衝地帯の設定が不十分だったとすると、その圃場の有機認証は取り消され、また「転換期間」から再スタートしなければならないという制度になっている。これも恐らく飛散防止と汚染の解消という考え方がその基礎にあるのだろう。

ここでは有機農業の条件として完璧なケミカルフリーが要求されている。すなわち、人工的な化学合成物質は有害か非有害かは問わず有機圃場への人為的な持ち込みはすべて禁止とされているのである。

田んぼの抑草のための「紙マルチ栽培」や正確で効率的な種まきのための技術として「シーダーテープ」という技術がある。これについても、紙マルチやテープの製造過程で合成化学物質が使われているか否かが有機農業であるか否かの規格基準として問われるようになってきている。もしその製造過程で、合成化学物質の使用等がわずかでもあれば有機農産物の生産資材としては認められないという考え方が国際標準として示されている。

もしそうしなければ、一切の化学合成肥料を使用禁止とする制度との整合性がとれないという判断なのであろう。有機ＪＡＳ制度では、肥料については製造過程で化学的抽出などをした天然素材の肥料も化学肥料の一種として使用禁止としている。

しかし、ここまでくると毒性等も問わない一律なケミカルフリーの厳格な要求は、安全性、非有害性の追求という考え方と十分には整合しなくなってしまう。

しかし、こうした考え方とは違った制度運用の場面もある。

例えば田んぼの場合には、隣の慣行栽培の田んぼから水が直接流れ込むと化学肥料や農薬の流入が避けられないとして有機認証は取り消される。しかし、隣の田んぼの水が川に排水され、その川の水を用水として使ったとしても問題なしとされている。

また、ＪＡＳ有機の最初の認証段階で、圃場や圃場周辺の環境について、化学物質の残留、残存の調査、測定はいっさい必要とされていない。不耕作地で有機農業を開始するためには、過去２～３年間は慣行栽培の農業がやられていなかったことの証明（すなわち、そこでの化学肥料や農薬の使用がなかったことの証明）は必要だが、それ以前の時期に何らかの事情でその土地が化学肥料や農薬などによるかなりの汚染があったとしても、制度で定めた期間を過ぎていれば、そのこと自体は問われない。

右で紹介したケミカルフリーの厳格な要求という制度の整合性論からだけすれば、こうしたあり方はあいまいさがあり、おかしいということにもなろう。

しかし、有機農業の本来のあり方からすれば、こんな制度論の組み立て方にそもそもの歪みがあると言わざるを得ないのだ。

もともと有害化学物質の汚染というだけの視点からすれば、有機農業は全く安全でフリーだとばかりは言えないことは明らかだ。有害化学物質は化学肥料や農薬からだけ圃場に持ち込まれるわけではない。大気からも降水や用水からも持ち込まれることもある。有機農業を始める以前からそこに存在していることもないとは言えない。

それでも有害化学物質の場合には安全性について法的規制（毒性の判定とその濃度等）があり、有機農業もその規制の枠内とされている。だから、有害物質の存在が確認されたとしても、安全性制度の枠内であれば問題なしとされ、また有害と判定されていない物質については制度的にはフリーである。それは有機農業でもその他の世界と同じなのだ。

有機農業は、こうした化学物質蔓延の時代にあって、その現実から出発し、それを自然離脱だと批判し、田畑に農的自然を取り戻し、作物の健全な生育を促し、自然と共にある本来の農業の再生をめざそうとする運動的な取り組みとして営まれてきた。そこで問おうとしたことは個々の場面での現象的なケミカルフリーか否かということではないのだ。

前に述べたように有機ＪＡＳ制度においては「転換期間」は汚染の解消期間として設定されているが、本来の有機農業論の視点から見れば、それはその圃場の生態系が有機農業的なものに移行、変化していく体質改善的な期間として位置づけられるものである。その期間は1年で終わることもあるし5〜6年もかかることもある。その期間は農家にとってたいへん負担が大きいので、社会政策論としてはむしろ積極的な理解と支援が欲しい期間なのである。

また「緩衝地帯」は有機農業が地域農業の中に広がり普及していく最前線である。有機農業の取り組みでは、その最前線をどのように前向きに維持し、有機農業をより良い形でそのまわりにさらに広げていくかが課題になっている。

地域生態系の視点からすれば有機農業はそれだけで独立して存在しているわけではない。当然に有機農業はまわりの生態系の影響を受けて存在している。その影響には、天敵の減少、生物多様性の貧弱化など悲しい事柄もあるが、それだけでなく地域自然の恩恵もたくさんある。有機農業は、自らも地域農業、そして地域生態系を形成する一員であると認識した上で、まわりの生態系の恵みをいただきながら、まわりの生態系を少しずつ回復、改善させようとする営みなのである。こうしたことも有機農業の重要な社会的役割なのだ。

有機農業は合成化学物質等から完全に隔離された純粋性を主張することを本旨とはしていない。慣行農業との空間的な線引きも本旨とはしていない。有機農業は慣行の近代農業を批判して、農業は農業の本来のあり方に戻るべきだと主張し、それは現実に豊かに実現できる道だということを実践的に示していく農業運動なのだ。

有機ＪＡＳ制度のこうしたおかしさは、有機農業は、端的に言えば「安全な農産物つくり」「無化学肥料・無農薬・遺伝子組み換え不使用」の農業だと勝手に考え、そこから生産される商品の規格基準を無理やりに厳格に策定し、それをどこからみても整合性のある万全な制度として組み立てようとしていることのおかしさに起因している。そこでは制度としての整合性（それはコーデックス委員会の国際標準として示される）だけが農業論としての妥当性を超えて追求されている。商品の規格表示制度としての有機ＪＡＳ制度は、国家的な強制制度として施行運用されており、それ故に有機農業をきわめておかしな農業のあり方へと誘導し、強制制度としてそこに閉じこめてしまおうとしているのだ。

話は逸れて、有機ＪＡＳ制度批判になってしまったが、ここで言いたいことは、こうした著しい偏向を許してしまった背景の一つに、有機農業技術論の社会的な未確立という残念な状況があるということなのだ。

３　有機農業技術論確立への模索

(1) 日本有機農業学会の有機農業技術調査

有機農業技術論の体系的整理は長い間、私自身の大きな模索課題と考えてきたが、現実としてはその課題に集中して取り組むことができなかった。私が本格的にこの課題に取り組むようになったのは

2004年12月に日本有機農業学会の共同研究として「有機農業の技術的到達点に関する全国調査」を同学会の会長として呼びかけてからであった(1)。

この時期は、ちょうど2001年度から強制制度として有機JAS制度が施行され、本来在野的で自由であったはずの有機農業が有機JAS制度の枠内に閉じこめられ、その発展や普及が妨げられてしまうという問題点が実態として明らかになり始めた時期だった。また、そうした閉塞的な状況を変えていくためにも、有機農業推進法制定が必要だと認識し、それを意識した運動的取り組みを開始しようとしていた時期とも重なっていた。

有機農業推進法の制定を社会に提案するのだとすれば、その前提として有機農業はどのような技術体系に基づく農業であるのかを実態に即して明らかにすることは、有機農業研究者の責任だと考えての取り組みだった。

同全国調査の趣意書に私は次のように書いた(2004年12月)。

「日本で有機農業の実践が組織的に開始されて35年が経過し、各地に相当な水準に達した取り組みが積み上げられてきた。それらの実践は日本の風土に根ざした有機農業と呼ぶにふさわしい実態を形成しつつあると思われる。しかし、その全体像や内部状況のトータルな把握や分析はまだなされていない。最近、有機農業基準問題に関して、基準についての機械的理解と論議の上滑りとでも言うべき現象が各所にみられるが、これなどは日本における有機農業の展開実態が適切に解明、提示されていないことに一つの背景的要因があると考えられる。また、最近では公的試験研究機関等でも有機農業関連の技術開発が取り組まれるケースが増えているが、どこか的はずれなテーマ設定である場合が少なくない。これなども同様の理由によることが多いと思われる。

この調査では、上述の課題に関して、技術的側面から、そして平均像ではなく、先端的到達点の把握、解明という側面について、アプローチすることを意図している。手法論としては数値的把握ではなく、事例的把握と、それを踏まえた到達点の構造的解明を考えている。

この全国調査の成功のためには方法仮説としての有機農業技術論の構築がまず不可欠だと思われる。この技術論は、本調査の遂行を踏まえてその総括としてもう一度再構成されることになるだろう。ここで仮説的に構築される技術論は、農業の風土性を踏まえて人―技術―自然の相互的関係が中軸となり、短期的評価視点だけでなく、持続性、世代継承性など長期的評価視点も重視されるだろう。また、とりあえずは主として個別圃場、個別農家の技術をとりあげるが、あわせて地域農業、地域自然、地域社会の視点も十分に考慮していきたい。また、個々の技術だけでなく、農業としての体系性、経営的実践としてのダイナミズムなどにも配慮していきたい」

ここには、集団的な調査研究を開始するにあたって考えた方法論が示されている。要点を再論すれば次のようになる。

①有機農業技術論の体系的整理の作業は、論者の思いやアイデアを整理し記述するのではなく、有

機農業の実態把握から析出して進める必要がある。

②しかし、有機農業の実態はきわめて多様、多彩であるから、まずは、その平均値的あり方の整理ではなく、先端的到達点の整理という視点から作業を開始する。そこには有機農業は一定の方向性をもって発展していくという想定があった。

③具体的内容としては、有機農業は風土性のある農業だ、有機農業は短期的視点だけでなく持続性など長期的視点も重視される、有機農業は地域農業の視点からも把握されなければならない、有機農業は農業発展の体系性という視点からも評価されなければならない、等の想定を述べている。

(2) 民間技術運動の主体としての有機農業技術会議の組織化

有機農業推進法制定に向けての民間レベルの運動は2005年に組織されたネットワーク「農を変えたい！全国運動」が中心となって進められた[2]。この運動の展開のなかで、農業者や技術者が連携し有機農業技術を交流し、その確立と発展を図ることも必須の課題だと認識し、「農を変えたい！全国運動」の有機農業技術確立プロジェクトとして2006年6月に「有機農業の技術確立を進める全国ネットワーク」が立ち上げられた。このネットワークは、その後NPO法人有機農業技術会議として組織確立を果たして現在に至っている（2012年度の役員は以下のとおり。理事長：明峯哲夫、副理事長：本田廣一、三浦和彦、事務局長：中島紀一）。ネットワーク立ち上げ時に有機農業技術と技術確立運動についての共通理解として次のような整理をしている（この整理は同志と相談しながら私が執筆したものだが、これはその後有機農業技術会議の「基本方針」として受け継がれている)。

①有機農業の技術確立についての基本的考え方

・農業は基本的には自然の恵みとして、また、いのちの育みとしてあることを認識し、自然と農業の共生の視点を技術論の基礎におく。
・作物・家畜のいのちの営みの生理生態的仕組みと種、品種等の特質の基本点をきちんと踏まえる。
・いのちの拠点としての土壌の重要な意義を認識し、その仕組みを理解し、安定的な活性化への技術を組み立てていく。
・作物・家畜・土壌・地域の自然をつなぐ能動的な要素として微生物や小動物の世界の重要性を認識し、その安定した活用への技術を組み立てていく。
・地域の風土的条件を重視し、それを恵みとして活かしていく技術方向を重視する。
・地域農業の歴史的蓄積を評価し、そこから学んでいく姿勢を堅持する。

②技術確立の方向性

・食べものとしてのおいしさ、栄養価などの食べものとしての値打ちの向上を追求する。
・生育の安定性、圃場や作付け体系における落ち着きの良さなどを重視する。
・総合的な意味での生産性の向上と経営の安定化を追求する。

・圃場内、経営内、地域内循環の促進を重視する。
・生産者の仕事の楽しさの向上を重視する。
・地域の自然との共生を追求する。
・地域農業が培ってきた伝統的あり方の保全を積極的に評価していく。
・小規模、兼業でも成り立つマーケティングのあり方を追求する。

③技術確立推進運動の進め方

・特定の権威に依存せず、是々非々を旨として、良いものは良い、まずいものはまずいと率直に評価していく。
・さまざまな理論はとりあえず仮説として取り扱い、絶対化せず、しかも現実に役立つ理論形成に努めていく。
・技術の評価にあたっては客観性を重視し、あわせて結論を急がず、長期的視点からゆっくりとした評価に努め、なによりも現場での検証、交流を重視する。
・農法の違いによるいがみ合いを避け、相互の交流と学び合いの機運を育てていく。
・技術形成の場は現場だということをつねに念頭におき、技術を作り育てる農業者の力を広げていく。
・技術確立の場にも、調理技術者、加工関係者、流通関係者、地域関連業者、消費者等が適切な形で参画できるような仕組みをつくる。
・技術確立の成果、失敗の経験などについて双方向的な情報流通の仕組みをつくり、活発なコミュニケーションを形成していく。

先に紹介した「全国調査」は有機農業と伴走しようとする研究者としての取り組みだが、「有機農業技術会議」の組織化と、右記に紹介した「基本方針」は有機農業者の民間運動における技術確立に向けての自己運動のあり方整理であった。

①では、技術確立の骨組みを述べており、「全国調査」とほぼ共通の内容だが、②、③には民間の農業技術運動としての議論の特質が示されている。②では技術運動を進める主体のあり方を列記し、有機農業技術は担い手たちの主体的運動として展開されていくという認識が示されている。③有機農業展開の百家争鳴的な状況の下で、互いにぶつかり合い、いがみ合うのではなく、相互の良さを認め合い、補い合うというあり方が必要だと説いているが、こうした運動の進め方の難しさがここには示されていた。

（３）「低投入・内部循環・自然共生」の有機農業技術論の整理と提案

――「自然共生型農業への転換・移行に関する研究」と「有機農業技術原論研究会」の取り組み

日本有機農業学会の共同調査や有機農業技術会議としての技術運動の組織化の取り組みの中で、日本各地の多くの実践農家の実践に教えられ、日本の有機農業の技術発展の姿をおおよそ把握することができてきた。

教えていただいた農家のお顔を浮かべれば限りがないが、本書の主題に即して挙げれば次の方々からはとくに多くのことを学ばせていただいた。

浅野祐海さん（茨城県）、岩崎政利さん（長崎県）、上野長一さん（栃木県）、魚住道郎さん（茨城県）、小川光さん（福島県）、浦部修さん（群馬県）、金子英治さん（北海道）、金子美登さん（埼玉県）、熊谷隆幸さん（岩手県）、黒澤重雄さん（宮城県）、佐藤忠吉さん（島根県）、志藤正一さん（山形県）、瀬川守さん（北海道）、相馬喜久男さん（秋田県）、舘野廣幸さん（栃木県）、戸松正さん（栃木県）、長尾見二さん（愛媛県）、布施大樹さん（茨城県）、本田廣一さん（北海道）、松沢政満さん（愛知県）、宮嶋望さん（北海道）、安川昭雄さん（福島県）、八尋幸隆さん（福岡県）、吉塚公雄さん（岩手県）

いずれも長い実践のなかでそれぞれ独自に個性的な優れた営農を構築されてこられた農家の方々である。改めて謝意を表したい。

これらの実践農家の方々の取り組みとその到達点の具体的姿については、第3章で代表例を紹介するが、そこで教えられ、解ってきたことの主な要点を列記すれば次のようになる。

・長年有機農業を続けてこられた方々の営農は、おおよそ安定し、大きな技術問題は乗り越えられ、その地域の立地に見合って、その方らしい個性的な農業が実現している。農業としての「成熟」を実感させられることがたびたびであった。
・堆肥の施用量、施肥量は次第に減少しており、堆肥施用や施肥は土と栽培のバランスを保つための補助的技術になってきている。
・害虫の大発生はなく、クモなどの天敵は多く、田畑はいろいろな生きものが生きる場となっている。
・病気の発生もほとんどなく、発生しても特段の対策を講じなくても、治癒していく。
・雑草は生えているが、生え方は穏やかで、作物と雑草の激しい競合はあまり感じられなくなっている。雑草の草生も田畑の自然の一つの姿となってきている。
・雑草も含めて、さまざまな生きものが生きる、地表と地中をめぐる循環的生態系がつくられてきている。
・それらの諸結果として、土には有機物が多く含まれ、柔らかく、良い香りがしている。
・地域の気候条件と田畑の土地条件、労働力などの経営条件、そして消費の条件に合わせて、多種類の作物が適期に作付けされ、品種もさまざまに選択され、土地利用と作型が工夫され、定型的な形がつくられている。
・少頭数の家畜が飼育され、土づくりにも活かされている。
・作物の生育は早すぎもせず遅すぎもせず、落ち着いており順調で、健全ないのちの育ちが実現している。

・日照り、長雨などの気象変動にも適応力があり、被害は概して少ない。
・収量はほどほどに安定していて、品質は良く、おいしい。規格的にはさまざまだが、大は大らしく、小は小らしくおいしい。
・生産物は無駄なくおいしく食べられている。農産加工も巧みに取り組まれている。
・作物の自然と結び合う力と自然から離れて生きようとする力を大切にし、有機農業に適した品種の育成と探索がめざされ、自家採種の取り組みもさまざまに開始されている。
・周辺の林野などの自然環境が大切にされ、落ち葉利用など林野と田畑の結び合いが追求されている。
・都市の消費者との交流や地域コミュニティの維持活性化に努めている。
・若い世代の就農への支援が取り組まれている。

第1章で述べ、また、第4章以降で詳論する「低投入・内部循環・自然共生」キィワードで整理できる有機農業技術論の定式化は、これらの農家実践から学ぶ集団的な模索と論議の中から析出されてきたものだった。時期としては2008年頃だった(3)。そしてその認識を踏まえて、次の模索は、主として「自然共生」の理解と把握へと進んだことはすでに述べたとおりである。

そしてその模索の主な場は、すでに紹介した日本有機農業学会の「有機農業の技術的到達点に関する全国調査」に続く、文科省の科学研究費基盤研究B「自然共生型農業への転換・移行に関する研究

――『成熟期有機農業』を素材として」（２００９～２０１１年・研究代表者中島紀一）と有機農業技術会議の専門部会として２０１１年２月に設置された「有機農業技術原論研究会」（代表は明峯哲夫氏）だった。主なメンバーは重なっており、連携を意識しながら論議は進められた。科研費共同研究の参加メンバー（２０１１年度）は本章末に注記した。

科学研究費「自然共生型農業への転換・移行に関する研究――『成熟期有機農業』を素材として」のキィワードは「成熟期有機農業」だった。その位置づけと内容は、第１章で図１－１、１－２、１－３として示しておいた。

この共同研究の目的と方法論的仮説については、研究計画書に次のように書いた（文中のＩＰＣＣ特別報告の図は図２－１として収録しておいた）。

「農業と環境に関する政策論は、いま大きな転換への準備が必要となってきている。これまでは、環境負荷削減を主内容とした環境保全型農業の推進がこの領域の基本的な政策論とされてきた。しかし、そこでの政策論の枠組みにおいては、究極的には農業生産の向上と環境保全はトレードオフ関係から免れきれず、人類の膨大なる生産・生活活動の展開の下では、破綻を先送りするだけで、問題の根本的解決を作り得ないことが明らかになってきたからである。そこで問われていることは、単なる負荷削減ではなく、農業生産の展開が、それ自体、環境保全を超えて環境浄化につながり、また、自

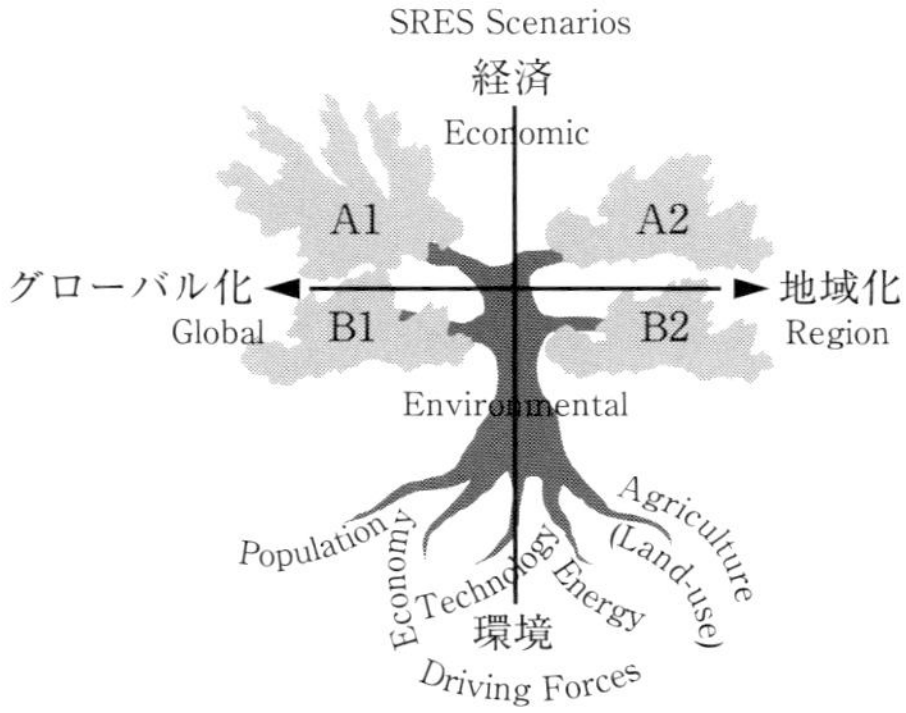

図2−1　将来予測：未来社会に関するシナリオ
（IPCC 第3次評価報告書、2001年）

然との関係では、農業生産が、それ自体、自然共生型の営みになっていくための基本的農業論と政策論の構築準備であろう。

『IPCC（気候変動に関する政府間パネル）の作業グループⅢ特別報告・排出シナリオに関する特別報告』（IPCC第3次評価報告書、2001年）で提示された4つのシナリオ（図2−1参照）に関連させて別言すれば、すなわち『経済成長とグローバリズムの追求を前提とした対応策の構築』（A1ストーリー）ではなく『環境保全と地域重視の中に地球の未来を拓こうとする道筋』（B2ストーリー）を支える農業論・農業政策論の構築準備ということになろう。

こうした政策方向は、端的にいえば自然共生型農業ということになるが、そうした方向は理念的には理想的だが、実体的には空論に近いというのがこれまでの大方の理解だった。しかし、農業に関する諸潮流を仔細に検討してみると、この政策方向は決して空論ではなく、すでに実体的にその道を拓いてきた取り組み群があることを知ることができる。すなわち、60年余の蓄積を有している有機農業の取り組みである。

有機農業の農業実践においては、外部資材等の投入削減が、圃場生態系や地域自然との良好な関係性の形成を促し、環境浄化・自然共生の線上での本来的生産力の向上が図られるという真に注目すべき世界が作られ始めている。そのような有機農業の展開を我々は『成熟期有機農業』と位置づけているが、そこでは、圃場生態系の活性化によって安定した農業生産が実現し、投入は自然循環の範囲内での低投入、あるいは無投入、で済まされ、有機農業が展開することによって、地域の二次的自然は保全され、さらには豊かに育てられるという関係が創られている。このような圃場生態系の活性化は環境論的には浄化プロセスであるが、それが同時に生産プロセスとしても機能し、さらには二次的な自然形成のプロセスともなっているのである。有機農業のこうした到達点は、政策論的概念としての自然共生型農業とほぼ同義であると考えられる。

有機農業については、２００６年12月に『有機農業推進法』が議員立法によって制定された。この法律では有機農業には優れた公共性があると認め、その認識を踏まえてその推進、普及が必要だと定めた。そこで指摘された公共性は①有機農業は農業が本来もっている自然循環性の促進を基礎にした営みだということ、②国民が求める良い食べものを産み出す営みだということ、の2点である。

推進法下での有機農業政策論研究においては、こうした有機農業の公共性について、実体論としても、理念論としても、しっかりと基礎づけ、多彩な具体化を図っていくことが強く求められている。そこでは、上述した有機農業における自然形成論、それを軸とした地域の内発的発展論、さらには健全な食を実現していく社会論等への広がりについて、原理論と政策論の両面からの解明が必要となっていると考えられる。

本研究における方法論的基本仮説は有機農業展開についての3段階整理（『転換期有機農業』→『発展期有機農業』→『成熟期有機農業』）であり、その要点を図示した（30ページ図1－3）。

本研究では上記前段で述べた農業環境政策論に関する新しいアプローチを意図すると同時に、後段で述べた有機農業推進に係わる現実的政策論構築への基礎的作業を意図した」


ここには有機農業の発展、展開を、農業全体の自然共生型農業への展開、移行過程として把握するという、より幅広い視点からの社会論的展望が示されている。また、学会の「全国調査」の開始時点（2004年）には「技術的到達点」「先端的事例」として把握しようとしていた事柄には「低投入・内部循環・自然共生」という有機農業技術論の骨格整理を踏まえて、「成熟期有機農業」という仮説的規定が与えられるようになっている。ここにも私たちの認識の深まりの一端が示されている。

この共同研究には、総勢で15名の研究者が参加し、「地域的展開部会」「技術論部会」「歴史・理論部会」「国際部会」の4部会に分かれて研究を進めた。すでに研究期間を終えて、研究は終了しているが、その「技術論部会」の総括として私は次のように書いた（2012年3月4日科研費公開報告会「明日を拓く有機農業の今」[4]）。

「技術論部会では、『成熟期有機農業』『自然共生型農業への転換・移行』などをキイコンセプトとして研究が進められた。

まず、日本有機農業学会による『有機農業の技術的到達点に関する全国調査』を踏まえて、有機農業は『近代農業からの転換期』→『有機農業としての発展期』→『有機農業としての成熟期』という発展プロセスがあることが確認され、それは農業の展開ベクトルが自然離脱から自然共生へと反転していく歴史過程の一つの表れと理解できることが明らかにされた。

そこでの技術論の骨子は『低投入・内部循環・自然共生』にあるという整理もされたことの意味は大きい。

今回の科研の研究成果を踏まえて、有機農業の技術論とその展開方向は次のように整理できる。

農業はもともと自然に依拠して、その恩恵を安定して得ていく、すなわち自然共生の人類史的営みとしてあった。ところが近代農業では、科学技術の名の下に、農業を自然との共生から自然離脱の人工の世界に移行させ、工業的技術とその製品を導入することで生産力を向上させることがめざされてきてしまった。こうした近代農業は、地域の環境を壊し、食べものの安全性を損ね、農業の持続性を危うくしてしまった。こうした時代的状況のなかで有機農業は、近代農業のそうしたあり方を強く批判し、農業と自然との関係を修復し、自然の条件と力を農業に活かし、自然との共生関係回復の線上に生産力展開をめざそうとする営みである。

こうした視点から有機農業の展開方向を考えた場合には、その技術展開の基本方向は農業における『自然共生』の追求であり、具体的には低投入、内部循環の高度化、活性化という技術のあり方が追求され、そうしたことを踏まえて農業と農村地域社会の持続性の確保がめざされることになる。

このような考え方から出てくる有機農業像は、『だんだん良くなる有機農業』というあり方であり、それを『有機農業技術の展開方向』として整理すれば、例えば次のように言える。

有機農業は、慣行農業からの**体質改善的な転換期**を経て、圃場内外の生態系形成に支えられて**自然共生的な成熟期**へと進んでいく。

有機農業への転換は、**圃場段階**、**農家の経営段階**、**地域農業段階**の諸段階で、関連しつつ重層的に進められていく。その過程で、地域の歴史風土を尊重し自然を大切にするさまざまな活動と結び合い、また、生産と消費、農村と都市の交流と連携が追求されるなかで、**新しい地域農業づくりと自然共生型の新しい地域づくり**が進められていく」

有機農業技術会議の「有機農業技術原論研究会」（代表は明峯哲夫氏）は、2010年11月に開催された『有機農業の技術と考え方』の出版記念シンポジウム「命（いのち）を紡ぐ農の技術（わざ）――第Ⅱ世紀有機技術の展望」を踏まえて議論をより前に進めるために設けられた研究グループで、すでに10回の研究会が重ねられてきた。研究会でのテーマは表2－1のようである。第1章で述べた新しい自然共生の有機農業技術論のほとんどのことはこの研究会での論議が踏まえられている。

有機農業技術論の骨格の把握とその展開方向の整理についての、2004年頃以降の私たちの模索過程はおおよそ以上のようであった。これらのことは、本書の読者のみなさんとしては関心の薄い内

表２−１　有機農業技術原論研究会での検討論議されたテーマ

（有機農業技術会議・2011 年２月〜 2012 年 11 月）

第１回	「低投入・内部循環・自然共生」を検討する	明峯哲夫（技術会議）
	作物栽培の視点	三浦和彦（オルタ）
	有機農業技術原論について	長谷川浩（東北農研）
	最近の研究動向について	中島紀一（茨城大学）
第２回	有機農業における耕うんの意義を考える	小松崎将一（茨城大学）
	植物の生育も微生物によって支えられている！	成澤才彦（茨城大学）
	有畜複合農業による畜産の農業への回帰	本田廣一（興農ファーム）
	農村の生物多様性	嶺田拓也（農村工学研究所）
第３回	植物共生科学の新展開と肥培管理の再考	池田成志（北海道農業研究センター）
	コメント	三浦和彦（オルタ）
第４回	草と共生する農法—いくつかの事例とその総括—	嶺田拓也（農工研）
	作物の側から考える低投入・内部循環	明峯哲夫（技術会議）
	原発時代の終焉と有機農業の役割　問題提起	本田廣一・三浦和彦（技術会議）
	現地からの報告	柴山進（アグリ八郷）
	布施大樹さんの農場視察	
第５回	有機農業における品種と育種をめぐって	生井兵治（元筑波大学）
第６回	藤井平司の農学論をめぐって『栽培学批判序説』を読む	本田廣一（興農ファーム）
第７回	新しい農業技術の原形—島根山村の自給的農業の姿—	相川陽一（一橋大学）
第８回	「未病」について	三浦和彦（オルタ）
第９回	様々な低投入型農業	明峯哲夫（技術会議）
	健康な作物は病気に罹らない？〜有機農業の論理と技術	三浦和彦（オルタ）
	農地の持続性を支える地域循環系の形成〜有機農業と土地利用	中島紀一（茨城大学）
	浦部修さんの農場（群馬県藤岡市）視察	
第 10 回	内なる生態系を生かした農法論	日鷹一雅（愛媛大学）

輪の事情にすぎないかもしれない。有機農業は個性的なものであり、そうした意味からすれば、その技術論も100人の論者がいれば100とおりの技術論が並立してもまったくかまわないのだ。しかし、私が本書でまず書きたかったこと、読者のみなさんにお伝えしたかったことは、そうしたさまざまな個性的技術論の一つとして私の技術論を提示するということではなかった。

そうではなくて、実態ある有機農業の展開の中から、集団的認識として整理され析出されたものとしての有機農業技術論の提起が必要であり、そうした集団的作業のおおよその結論をお伝えしたかったのだ。もちろん一つの中間報告として。その結論の重要な一つは、有機農業技術論は特殊なものとして理解されるべきではなく、農業論、農業技術論の本筋のなかで位置づけられ、理解され、主張されるべきものだという点であった。本章で紹介したことは、そういう意味で単なる内輪の事情解説ではなく、社会的に、そして時代的に意味のあることと考えている。

注

(1) 日本有機農業学会による「有機農業の技術的到達点に関する全国調査」の第1回合同調査は2006年5月1日に埼玉県小川町の金子美登さんの霜里農場を対象に実施された。その報告は下記の鈴木らのレポートに詳述されている。本書で述べている「低投入・内部循環・自然共生」の有機農業技術論の基本的骨格はこの調査でほぼ固まった。

鈴木麻衣子・中島紀一・長谷川浩「地域の自然に根ざした安定系としての有機農業の確立——埼玉県

小川町霜里農場の実践から――」日本有機農業学会編『有機農業研究年報』第７巻、コモンズ、２００７年

（２）有機農業推進法の制定と有機農業推進政策の確立に向けての「農を変えたい！全国運動」等の民間の運動の経過については下記に概略を紹介してある。

中島紀一『有機農業政策と農の再生――新たな農本の地平へ』コモンズ、２０１１年

（３）有機農業技術会議としての技術論検討の共同の成果として下記の本が刊行されている。「低投入・内部循環・自然共生」の有機農業技術論は公式にはここで社会的に公表された。

中島紀一・金子美登・西村和雄『有機農業の技術と考え方』コモンズ、２０１０年

（４）第１章の末尾にも注記したが、文科省科学研究費「自然共生型農業への転換・移行に関する研究――『成熟期有機農業』を素材として」（基盤研究Ｂ・２００９～２０１１）の研究成果については下記の報告資料を参照いただきたい。

中島紀一編「自然共生を目指す有機農業への新たな道――茨城の現状を踏まえて」２０１２年２月11日（於茨城大学農学部）、公開シンポジウム報告資料集

中島紀一編「明日を拓く有機農業の今――３年間の共同研究を振り返って」２０１２年３月４日（於立教大学）、公開シンポジウム報告資料集

この共同研究の参加メンバーは次のようであった（２０１１年度、所属は当時）。

中島紀一（代表、茨城大学農学部）谷口吉光（秋田県立大学生物資源科学部）高橋巌（日本大学生物資源科学部）高橋太一（農業・食品産業技術総合研究機構東北農業研究センター）飯澤理一郎（北海道大学農学研究科）野中昌法（新潟大学大学院自然科学系）長谷川浩（農業・食品産業技術総合研

究機構東北農業研究センター）　小松崎将一（茨城大学農学部）　日鷹一雅（愛媛大学農学部）　山岸主門（島根大学生物資源学部）　嶺田拓也（農業・食品産業技術総合研究機構農村工学研究所）　桝潟俊子（淑徳大学総合福祉学部）　波夛野豪（三重大学生物資源学部）　岸田芳朗（岡山商科大学経営学部）　古沢広祐（國學院大学経済学部）　石井圭一（東北大学大学院農学研究科）　澤登早苗（恵泉女学園大学人間社会学部）　成澤才彦（茨城大学農学部）　尾島一史（農業・食品産業技術総合研究機構近畿中国四国農業研究センター）　大山利男（立教大学経済学部）　飯塚里恵子（事務局、茨城大学農学部）

第3章　実践農家にみる有機農業技術の到達点

――「低投入・内部循環・自然共生」の有機農業の個性的なあり方

第2章でも述べたように、私たちがようやくたどり着いた「低投入・内部循環・自然共生」の有機農業技術論は、各地の先駆的有機農家の実践に学ぶなかから析出されたものであり、それ故にその具体像は個性的である。今回の技術論調査でお世話になった主な方々のお名前は第2章に列記させていただいた。訪問し、お話を聞かせていただいて、そこには「成熟期有機農業」の世界の形成が確かにあることを感じさせられた。

本章ではそれらの農家の方々の多彩な実践の中から、とくに「自然共生をめざす農業としての有機農業」という最近の私の認識の到達点に関連して7名の方々の取り組みの概要と注目点について紹介したい。

第1章では「自然共生」の技術的核心は微生物群集の多様性とその共生的構造の形成にあると述べ

たが、それは当然ながら、外からは見えにくい。しかし、どうやら微生物群集の多様性は、さらには昆虫等の生きものの多様性は、眼に見える圃場の植生の多様性にほぼ対応しているようなのである。そこで本章での紹介は、圃場の植生の多様性を一つの切り口として進めることにした。

圃場の植生の多様性とは、端的に言えば農業の現場では雑草のあり方のことであり、それは有機農業にとって宿命の技術的難問でもあり、そこには農家の苦難の歩みが刻印されている。「圃場の植生の多様性」と表現すれば穏やかに聞こえるかもしれないが、除草に懸命に取り組みつつも力及ばずに草に負けてしまうという苦しい現実が有機農業の現場にはあったし、いまもあり続けている。たいへんな草取り作業のなかで農家の体も痛めつけられていく。

しかし、苦しい取り組みも何年も繰り返していくと、雑草の草むらの中にも元気に育つ作物があり、それは健康で食べてみるとてもおいしい、という場面に出会えるようになってくる。そして、改めて草だらけだった田畑を見直してみると、草の状態は少しずつ変化していて、雑草は必ずしも作物の生育の害にはなっていないという場面が広がっていることにも気づかされる。さらには、雑草の存在が天敵等の定着に役立ち、害虫抑制に役立っているという場面も広がっていることにも気づかされる。また、田んぼでは、生きものはたくさん生きているのだが、どうしたわけか雑草がほとんど生えない不思議な田んぼも広がっている。

技術研究としては、このような雑草草生の圃場はどのようにつくられるのか、そこにはどのような共生的多様性が形成されているのかを、雑草植生と作物生育や昆虫等の多様性形成、そして微生物共生系の形成と対応するものとして解明していくことが、別の言い方をすれば有機農業の取り組みのなかで雑草の植生がどのように変わっていくのか、それが圃場の生態系の変化とどのようにつながっているのか、それらが栽培の豊かな成果とどのように結実するのか、そしてそのなかで土はどのように変化していくのか、といったことの解明が一つの焦点として浮上してきているように思える。まだ貴重な実践の意味が研究の場でようやくに確認され始めた段階ではあるが、現場ではすでに先駆的な経験はつくられているのだから、おそらくそう遠くない時期に、興味深い研究成果が報告されるようになるだろう。

こうした問題意識から、本章での農家の実践紹介は、主として雑草と向き合う農家の取り組みに注目し、雑草とのつきあいの中から、圃場の生態系が豊富に変化し、土がよくなり、そこから新しい農法的世界が編み出されていく、そんなあり方とプロセスを点描してみたいと思う。

1　くず小麦草生野菜栽培

戸松正さん（帰農志塾・栃木県那須烏山市）(1)

戸松正さん（65歳）は、栃木県の阿武隈山系の南端、那珂川中流の丘陵地域の那須烏山市で約７ha の畑での野菜作、60ａの水田での水稲作、８００羽の平飼い養鶏（卵肉兼用）という組み立てで有畜複合の有機農業を営んでいる。茨城県で18年、那須烏山市に移転して18年、有機農業一筋に歩んできた。農場の名前は「帰農志塾」。就農を希望する非農家の青年を受け入れて、戸松さんの家族とともに営農に取り組み、力をつけて新百姓として独立していく。すでに100名近い卒塾生が全国で優れた有機農業農家として活躍している。研修は住み込みで、期間は2〜3年。現在も毎年数名の研修生が新しく加わっている。

営農の中心柱は野菜作で、100品目近い野菜を季節に合わせて栽培している。生産物の販売は会員（約200世帯）への宅配が3分の2くらいを占め、残りは契約している小売店や保育園などに出荷している。

労働力としては若く元気な研修生が支えとなっているが、それでも露地野菜中心に7haの営農は気が遠くなるほどたいへんだ。なかでも春夏作野菜の草取りは過酷だろう。作付けにいろいろな工夫をし、草対策には畝《うね》間のロータリー耕、管理機、草刈り機の活用なども試みた。しかしそれでも草対策はたいへんだった。

戸松さんはそんな隘路から抜け出すためにさまざまな試みにチャレンジしてきたが、数年前から取り組んできた草で草を抑える「くず小麦草生栽培」の成功ですばらしい展望が拓かれつつあると笑顔で話してくれた。カボチャでの試みから始まり、果菜類に広げ、現在ではインゲン、サツマイモ、ナガイモ、ヤマトイモなどほとんどの夏作物で実践されている。これで草は難なく抑えられ、病虫害も激減し、土もよくなり、作柄もよくなり、穫れすぎて作付けは縮小し、労働にも余裕が出て、さらに畑景観がすばらしくなるというのである。帰農志塾の農産物への需要量はおおよそ決まっているから、安定多収の実現は、作付け抑制と余裕のある作付けとなっていくのである。きわめて望ましいあり方だ。

戸松さんが確立した「くず小麦草生栽培」の概要は次のようだ。

5月、果菜類の定植と同時に畝間にくず小麦を密播する。野菜の株もと管理が難しいので、植え畝には黒マルチを使用し、マルチの際から隙間なく小麦を密播するのがポイントだ。小麦は播きやすく、発芽勢もよく、禾本科としては初期の葉幅が広く雑草発芽抑制に効果的だという特徴がある。小麦は冬作物なので6月下旬には穂を出して倒れ、枯れていく。しかし、倒れても当初は緑色で、次第に黄変し、全面に敷ワラ状態になり、光発芽性の雑草の発芽を遅くまで抑制してくれる。野菜類との競合も少ない。小麦の草勢が強すぎるときには、少し重さのある柱材などを引き回せば、それで倒れ、もう立ち上がることもない。春夏作のリビングマルチ作物として冬作物の小麦利用は利点が多いのだ。野菜の品目によっては倒伏しにくい大麦のほうが都合の良い場合もある。

栃木県は小麦の産地であり、地元産のくず小麦（品種は農林61号が主）は安く大量に入手できる。養鶏の主な餌としてくず小麦を使っているので、安定した調達ルートもすでにできていた。

戸松さんは以前からカボチャの雑草抑制に専用品種の「マルチ麦」の使用を試みてきた経験がある。「マルチ麦」利用は効果的で成功したのだが、種子代が高く、大量使用は難しい。播種量が少ないと抑草はうまくいかなかった。くず小麦草生栽培は、この経験を踏まえてのことだった。十分なマルチ効果のためには播種量は10kg／10ａは必要である。マルチ麦の種子代金は当時で７００円／kg

だった。それに対してクズ小麦は20円／kgで入手できた。

このくず小麦草生栽培の成功で、除草作業は大幅に軽減し、野菜が草に負けることはなくなり、野菜の生育はとても健全になった。それだけでなく、病虫害も激減した。小麦は適当な時期に倒れるので夏草繁茂と違って畑の通風がよくなり病気が出にくくなる。天敵などの昆虫相が豊富となり、害虫の発生が減る。とくにオクラ畑でのアブラムシの激減は驚くほどだという。また、麦は直下根がよく伸びるので、その根穴などによって土壌構造の改善にも役立っている。

現在の農場は里山丘陵を切り拓いた国営農地造成事業地の一画にあり、土壌は粘土質が強く、排水条件はよくなかった。そこで戸松さんは、排水改良に取り組み、また、1～2年に一度は50㎝の深さまでサブソイラーをかけ、毎年30㎝までチゼルプラウで耕盤を破砕するなどして排水を改良し、表層はロータリーで軽く耕耘するという工夫、すなわち土壌に縦構造を形成させていく取り組みを続けてきた。くず小麦草生栽培はこうした土層改良の取り組みともうまくかみ合っている。

堆肥は、モミガラ、オガクズと平飼い鶏糞を原料とした熟成堆肥であり、そのほかにぼかし肥料つくりも工夫している。しかし、戸松さんは作物は土が育てるものであって、施肥優先の栽培はおかしいと考えてきた。戸松さんの栽培理論は、できるだけ少肥が作物の健全な生育をつくり出し、病害虫も抑制されるというものだ。実践データを基に作物が生育するギリギリの少肥で育ててこそおいしい野菜ができて、その栄養価も高くなると主張される。

作物の旬と生物多様性の重視も戸松さんが大切にしてきた理念であった。リビングマルチのくず小麦と主作物の野菜との養分競合については、周囲からは懸念の意見も聞かれるが、現実には大きな問題は起きていない。7月頃までは野菜と麦の養分競合的状況も出現することはあるが、8月以降は小麦は枯死し、かえって養分放出の状態となるようである。土づくりができていて土の肥沃性が確保されていて、施肥管理が適切であるという条件がつくられているならば、むしろ土がよくなり養分的にもプラスになりそうだとの結果も出てきている。今後の観察課題となっている。

混作も戸松さんの大切な技術となっている。カブの畑にシュンギクを混作するとキスジノミハムシの幼虫の食害が減ることを確かめ、シュンギクの種を1～2割程度まぜて混播するという方法も確立している。また、ヤマトイモのネコブセンチュウ対策には畝間にマリーゴールドを入れるという方法も確立している。さらに6月に定植するキュウリの株元にハツカダイコンの種を数粒播いておくとウリハムシの幼虫の食害を防げることも突き止め、必須の技術にしている。

立地条件や栽培のあり方に適合した野菜の品種を得ることも、農場の重要な技術的課題である。帰農志塾のような少量多品目栽培の農場では全ての品目について自家採種で対応することは難しい。しかし、主力の果菜類（トマト、キュウリ、ナスなど）などについては市販品種では満足できず、自家採種と自力での品種改良にも取り組んできている。その際、固定種からの選抜育種だけでは可能性の幅が狭まるので、困難は伴うが、F1種からの選抜育種に取り組み、時間はかかっているがそれなりに満足できる品種も得られるようになっている。しかし、種の問題は個別農場としての取り組みには限界があり、有機農業の仲間や種苗会社などが協力し合う組織的な取り組みが必要だと痛感している。

以上で戸松さんの帰農志塾の紹介を終えるが、戸松さんの強い信念と独自の農業理論、そして実地に則したさまざまな試行錯誤のなかで、帰農志塾には農場全体が、農場の自然を踏まえて有機的に複雑に結び合って循環していく有畜複合の技術体系が構築されていることを強く感じる。それは帰農志塾らしい農法の内生的確立ということであろう。地域の自然とつながった豊かな農場の自然が形成され、農の営みは自然の営みとなって運営、展開されていると感じるのである。

2 冬草田んぼ——草が土をつくり、稲を育てる

舘野廣幸さん（栃木県野木町）(2)

舘野廣幸さん（58歳）は、大学卒業後、農業後継者として家の農業を継いだが、資金ばかりがかかりリスクの大きい近代農業に見切りをつけ、25年ほど前に有機農業に転換した。作目は水稲と麦とシイタケの3本柱だった。田畑は家のまわりにまとまっており、シイタケの原木山（ホダ場）も家の後ろにある。立地としては恵まれている。

まわりの農家から頼まれて水田面積は850aに拡大している。畑は80a（小麦と大豆）、果樹園20a（キウイフルーツ）、山林250a、原木シイタケが2000本（以前は3000本くらいだったが原発事故の影響で縮小せざるを得なくなっている）。米は地元の消費者への契約販売。小麦は地元のパン屋や和菓子屋に届ける。玄米食レストランなどからの注文も増えている。

舘野さんの米づくりの特徴は、田んぼは冬草でつくる、抑草は冬草草生と水管理と田んぼの生きも

の育成で対応する、というものだ。舘野さんは施肥もほとんどやらない。栄養補給は冬草の繁茂で十分だという。

舘野さんも有機稲作では雑草対策で苦労が続いた。手取り除草もしたし、田車も押した。合鴨も導入した。しかし、そんな取り組みを重ねるなかでとくに手だてを講じなくても、雑草が苦になるほどには出ない田んぼが現れ始め、だんだんそんな田んぼが広がっていったというのだ。

そんな田んぼの共通した特徴は冬草がよく生えることだった。舘野さんの栃木県は冬は晴天が続き、稲麦二毛作地帯で、地域の排水条件は比較的良好で、冬草はよく生える地域である。草種としてはスズメノテッポウが一番よいとのことだ。舘野さんは冬草がよく生えるように稲刈り後に軽く1回ロータリーで耕耘する。秋に耕すと不耕起よりも冬草はよく生える。

春には5月初めに第1回目のシロカキをして、6月初めからの田植えの直前に2回目のシロカキをする。1回目のシロカキから2回目のシロカキまで約1か月間、田植え前の田んぼは湛水状態におかれる。この1か月が重要で、その間に冬草も稲ワラもよく分解し、生きものの餌となり、田んぼには栄養が補給される。また、田んぼに生えるべき夏雑草のほとんどはこの期間に発芽してしまい、2回目のシロカキで田の土に埋め込まれる。雑草の芽生えを促すために、ときどき水を落として、田に酸素を補給する。これをやればヒエの発芽は促される。

雑草生態の面でも、5月田植えよりも6月田植えのほうが雑草の芽生えが大幅に少ないという利点もある。夏雑草の発芽時期はほぼ夏至までと考えてよい。田植えの時に米ぬか10a当たり40～50kg

（その田んぼから穫れるお米の米ぬか量にほぼ相当する）を散布する。これはいわゆる米ぬか除草を狙うのではなく、田んぼの微生物、ミジンコなどの小動物、そして浮草などの餌・栄養とするための散布である。しかし、近年はこの米ぬか散布量も減少し、なかにはまったく必要としない田んぼも広がってきている。

冬草草生を踏まえて、ほぼ1か月のシロカキ湛水期間と田植え時の米ぬか散布で、田んぼの微生物や小動物の活動は一気に活発化し、土の表面をトロトロ層に変え、田んぼの水に濁りが出るようになる。この濁りが光発芽性の雑草の発生を強く抑制してくれる。また、表層の雑草種子はトロトロ層の中に沈んでしまい発芽が抑えられる。さらに田植え後の水管理は深水管理（できれば10㎝以上）として、発芽した雑草の生長を抑制させる。田の土の露出を防ぐことは水管理の重要なポイントとなる。そのために2回目のシロカキから田植えまでの期間も水をためたままにして「水中田植え」を行なっている。

舘野さんは畦草はあまり丁寧には刈らない。刈るときも高刈りする。畦草は天敵などの棲み家になっているからだという。出穂の頃には畦にはメヒシバなどが繁茂する。これは稲刈り後に刈って、刈草は田んぼに入れる。メヒシバなどにはカメムシがいて、それを刈れば一番悪いときにカメムシは稲に移ってしまうという。カメムシは稲よりメヒシバを好むのだというのが舘野さんの観察結果なのである。

舘野さんの紹介の最初に「まわりの農家から頼まれて耕作水田が増えている」と書いた。そこでは新しく借りた田んぼの育土のあり方が問題となる。借りる田んぼは慣行栽培だった田んぼで堆肥もほとんど施用されていない。館野さんの田んぼのようには冬草も繁茂していない。だから館野さんの無施肥稲作では稲はよく育たない。しかし、館野さんはそれはそれで仕方ないと受け止めている。だから時間をかけた田んぼづくりが必要なのだというのだ。そんな田んぼも館野さんの注意深い耕作の積み上げで3～4年すれば、冬草が豊かに茂る冬草田んぼに変わっていく。秋の耕耘は初年度は浅く、土に力が育ってくる様子に合わせて深く耕すようにしている。販売面ではほぼ全量が地元の消費者への直接販売で需要量は安定しているので、田んぼが増えたからすぐに販売量を増やせるというものでもない。田んぼづくりの3～4年の間に消費者が徐々に増えていくのでちょうどよいのだと館野さんは言っている。

このような館野さんの田んぼづくりのバックには里山と原木シイタケ栽培がある。裏の里山のクヌギなどを伐って原木（ほだ木）にしてシイタケを育てる。廃ほだ（シイタケ栽培を終えたほだ木）は裏の里山に堆積しておく。するとカブトムシなどのセルロース分解能のある虫類がそこで繁殖し、廃ほだはすばらしい腐葉土に変わっていく。原木山には廃ほだを腐熟・分解させ腐葉土に変えていくすばらしい自然の仕組みが備わっている。こうして作られた腐葉土で稲を育苗する。すると床土の微生物が稲の苗に住み移り、健康な稲が育つというのだ。

このように館野さんの農場では、田畑、里山の自然が巧みに活かされており、その循環的流れが、田畑の確かな生産力をつくっている。

3　冬草、夏草の交代のリズムに合わせて野菜が元気に育つ

松沢政満さん（愛知県新城市）

松沢政満さん（65歳）は、愛知県南東部・新城市の中山間地で資源利用の循環型農業を営んでいる。南向きの山に囲まれた明るい傾斜地に松沢さんの家と農地がまとまって立地している。総面積は約2ha。中心に家があり、水田は湧水利用で15a、その他は畑と果樹園で、比較的平坦な場所は畑として利用し、傾斜のきつい場所には各種の果樹が植栽されている。野菜は不耕起草生栽培。平飼いの養鶏が300羽（卵肉兼用）。鶏舎には落ち葉が厚く敷かれている。

松沢さんの考えの基本は、農の営みは土地に生かされた自給からというもので、林野に囲まれ複雑な地形条件のなかから溢れ出てくる自然の恵みを、自らの食に取り入れ、農に活かし、それを消費者にもお裾分けしている。生産物の販売は、朝市と宅配と農場直売で、朝市の比重が大きい。朝市は隣の市の量販店の駐車場を借りて、毎週金曜日午前中に開催される。松沢さんが中心となって地域の有機農業の仲間たちと一緒に、消費者も加わって運営されている。米、野菜、果物、卵などの農畜産物だけでなく、ワラビやマムシまでが販売品目には含まれており、それを全てリストアップすれば210品目にも及んでいる。

松沢さんの農業の特色は中山間傾斜地という立地を活かした「空間・資源利用型農業」である。傾

斜地の複雑な空間構成も、そこに潜在する多様な資源も、すべてが自然の恵みとして松沢さんの農業を支えている。

松沢さんは自分の農業を「小さい循環農業」としているが、とくに「小さい」ということの意味は重要だとしてそのポイントを次の６点にまとめている。

①家族でできる
②細やかな気配りが行き届く
③園内すべてのバイオマスが循環利用できる
④多様で少量の地域資源を持続的に活用できる
⑤消費者との顔の見える関係（生産、流通、消費）が持続できる
⑥農山村のコミュニティ（地域社会）が維持できる

松沢さんは剪定鋏や鋸を手に農場の隅々まで巡回する。枝を払い、農園に不似合いな帰化種の草を抜き取り、作物の様子を丁寧に見て歩く。松沢さんのなかには農場の日々の状態が、農作物やニワトリの様子はもちろん、農場の一木一草、小鳥も虫けらの様子までもがいつもよく把握されている。このことが松沢さんの農の営みの基本となっており、その感性は豊かで鋭く、知的で創造的で、かつ技術的である。自然の中で時と共に変化していく農園の状況把握と栽培への思いが、多様性のある農園の具体的な場において、栽培論として工夫され、組み立てられていく。「場の技術」「状況対応の技術」とでも言うべきところにその技術的特色を見ることができる。

部門ごとに特徴の一端を紹介しよう。

野菜畑は松沢さんの就農以前から自生していたイタリアンライグラスに覆われている。作付けは春夏野菜と秋冬野菜の年2作が主流で、不耕起草生を基本としている。鶏舎の床でたくさんの落ち葉と混ぜられた鶏糞をさらに発酵させて自家製肥料をつくり、野菜などの株元に施すが、その施用量は少ない。

秋冬野菜は夏草の盛りが過ぎた9月頃に、夏草（メヒシバやツユクサなど）が生えた状態のままに、カブや大根の種を散播する。その後に夏草をハンマーナイフモアで刈り粉砕する。この手順が大切で、草刈りの後に播種したのでは種は刈草の上に落ちて、発根しても根は土に届かない。播種後の草刈機の走行や踏みつけで、播種した種は土に馴染み、その上に刈って粉砕された草が覆土のように重なり、水分も保持されて順調に発芽、発根し、生育していくのである。

冬の畑はイタリアンライグラス優占の植生となるが、この時期（9月頃）にこの方法で野菜の播種をすると、イタリアンの芽生え、生長よりも野菜のステージのほうが少し早く、イタリアンと野菜の競合はなく、むしろイタリアンが冬の寒さから野菜を守る役割も果たしてくれるという。冬野菜は生長をみながら間引きのような形で順次収穫されていく。

夏野菜については、イタリアンが1・5mほどにも繁茂し、それが出穂する5月から6月頃に、ドラム缶を転がしてイタリアンを倒し、植生を乱さないように配慮して、倒されたイタリアンをかき分けてそこに播種、定植していく。耕耘はしない。生長の盛りを過ぎた大量のイタリアンは、押し倒された後は再び立ち上がることなく、しかし、緑は保ってリビングマルチとして夏草の発生を抑え、夏野菜の生長を守ってくれる。やがてイタリアンが枯死すると夏草が出てくるが、基本的には除草、草刈りはしない。

水田農業は、降水、湧水など地域の水循環を基本に取り組むべきで、山村の自然を壊すダム湖の用水を使わないという考えから、わずかな湧水を大切に利用して耕作している。夏期の湛水保水が必須の条件なので、耕起、シロカキはていねいに行なっている。冬期間の排水条件などの違いで、レンゲ・冬草草生の田んぼと、アゾラ抑草の田んぼがある。冬期の乾燥が良い田んぼにはレンゲを入れる。レンゲと冬草草生は地力補給と抑草の効果があるが、抑草はそれだけでは無理なので、手取り除草と田車を併用している。アゾラ抑草は比較的最近導入したやり方だがたいへんうまくいっている。用水溜池で養殖しておいたアゾラを田植え後に田んぼに移し、自然増殖させる。アゾラは窒素固定能も高く、地力補給にも役立っている。

果樹は、各種の柑橘（温州、ハッサク、甘夏、レモン）を中心として、キウイ、ブルーベリー、ウメ、カキ、クリ、ギンナンなど種類が多い。まとまった面積の果樹園はない。植栽は地形・土壌と微気象を考慮して適した品目が選ばれており（例えばレモンは日だまりの場所に）、栽培管理は基本的に一本一本の個体管理である。剪定もそれぞれの樹に即して、日常的にやられている。樹間には野菜が育ち、樹下の日陰にはミョウガやコンニャクが育つという形で混植が基本となっている。農場の立体農業的組み立てとしてもよく工夫されている。

松沢さんの就農は１９８４年で、両親（ともに92歳）は慣行栽培の柿園中心の農業をしており、現在も元気に慣行柿園の仕事を続けておられる。果樹の有機農業は、品種の選択と苗木づくりから始めればさほどの無理なく取り組めるのだが、成木を途中から有機農業管理に転換することはなかなか難しい。両親から引き継いだ一部の柿や柑橘などについては現在でもまだ生産は安定していないという。そのため生果の販売率が低い品目もあり、それについてはジャム、ジュース、柿酢などの加工品に利用している。

養鶏は平飼いで、初生雛の導入から、育成、産卵、精肉加工まで一貫した取り組みをしている。先述したように鶏舎の床には落ち葉が豊富に敷かれており、臭いもなく健康な鶏舎管理となっている。松沢さんは、山の落ち葉が、鶏舎を経て、畑の土に戻っていくプロセスが大切なのだと強調しておられる。緑餌はたっぷり与えられ、よく運動できるように羽数管理もできており、平飼い養鶏としてはほぼ理想的な形がつくられている。養鶏は収入の重要な柱となっており、また循環農業という面でも山と田畑をつなぐプロモーターとしての役割を果たしている。

松沢さんは農業理念として次のことを強調している。

「草を活用して太陽エネルギーで土を耕し肥やす」

「土は草で耕し肥やす」

「虫は虫（動物）で、草は草で、菌は菌で制御する」

いずれも私たちの「低投入・内部循環・自然共生」の有機農業技術論の核心をつく名言である。

最後に松沢さんのイタリアン活用の農場運営方式を植生遷移論の視点から考えてみたい。

第1章でも述べたことだが、植生遷移論の視点からみると、通常の耕耘、播種という農耕方式は、基本的には圃場を裸地段階に維持し、そこに雑草が最初の一年生草本として生育することを抑制し、裸地状態に維持されている圃場に、主として一年生草本の作物だけを優先的に生育させ、収穫後に再び裸地状態に回帰させる。また、自然界における遷移過程では、一年生草本（雑草・野草）の生育によって、育成され獲得されていく土壌生産力（地力）は、こうした通常の農耕方式においては排除され、代わりに施肥や人工的な土づくり等によって圃場外から補われていく。

「上農は草を見ずして芸《くさぎ》り、中農は草を見て芸《くさぎ》り、下農は草を見て芸《くさぎ》らず」という『農業全書』の有名な一節は、こうした農耕方式の特質を端的に表現している。

それに対して、松沢農園の営農方式では、営農活動の主な場面が、一年生草本中心の植生から多年生草本中心の植生へと移行していくあたりの遷移論的ステージに設定されている。さらに、夏期に高温多雨期があり、冬には晴天が続くという日本（太平洋側）の風土的特徴を踏まえて、旺盛な一年生草本（雑草）の生育力の取り込みを営農の基本に位置づけている。この地方では一年生草本の生育には夏と冬の二つの型がある。夏草も冬草も基本的には年1回の発芽から結実・枯死のプロセスがあり、この雑草草生の切り替えとリズムを巧みに活用していければ、一年生草本（雑草）の旺盛な生育力と、同じく主として一年生草本の作物の栽培とを、互いに競合せず、むしろ作物栽培を支えていく仕組みとして組み立てることが可能になる。ここに松沢さんの不耕起草生の農耕方式を切り拓く技術的着眼点がある。松沢さんはこの鋭い見方を、農場の現場で、安定した技術として実現させ、雑草の強い草勢を土壌形成、土づくり、圃場生産力に見事に取り込んでいる。夏草のバイオマスも、冬草のバイオマスも、ともに松沢農園の生産力の基本として取り込まれ、前向きに活かされている。このことは、かつて和辻哲郎が『風土』において外側からの観察として提起した日本農業の難問（アポリア）への農業者からの見事な内生的回答となっている。そこにはアジアモンスーン的な雑草の強い生命力が、自然共生的農法の高次のあり方として取り込まれ、活かされているのである。

4　山村環境を活かした施設野菜づくり

小川光さん（福島県喜多方市）(3)

小川光さん（64歳）は福島県会津盆地の北西部、飯豊《いいで》山地の山懐の山村で、トマト、メロンなど多種類の夏野菜の自然流栽培に取り組んでいる。傾斜地での雨よけハウス栽培で、落ち葉堆肥をふんだんに使った自然味たっぷりの無灌水栽培法を編み出している。農業志願の若者たちの受け入れ支援にも熱心で、すでに50名ほどの若者たちが独立就農を果たしている。小川さんは長く福島県農業試験場、園芸試験場の研究員として、主として果菜類の栽培研究に取り組んでこられたが、その傍ら山村に移住し、山村の条件を活かした独特の自然流栽培に取り組み、１９９９年に早期退職し専業農家の道に進んだ。

小川さんの農業の基本は山村傾斜地の条件を活かした野菜類の雨よけ栽培である。雨よけ施設は中古パイプも活用してつくる。地域には雪害などで使われなくなった中古パイプがたくさんあり、それを修理したりして超低コストで手づくりのパイプハウスを建てる。もちろん新品利用の場合もあるが。雨よけ栽培では、風通しと雨水排水が大切で、その点では傾斜地はたいへん好都合だという。通風は谷から吹き上げる谷風を活かす。ハウスを建てるための広い平坦地はないので、ハウスが傾斜に直角の場合には、谷風がハウス内をトンネルのように吹き抜ける。また、地形によっては等高線に沿ってハウスを建てる。その場合には谷側の裾から山側の裾に風は抜けていく。いずれの場合にも、地形条件に逆らわず、それを活かしてハウスを建てている。山村で強風や鳥獣害もあるので、その防止の意味も含めて、ハウスの両裾などは寒冷紗で覆っている。

ハウスの被覆資材は、環境問題の配慮から塩ビフィルムを使わず、問題の少ないポリフィルムを使っている。

小川さんは、施設栽培は雨がかからずハウス内が乾燥する点にこそ利点があるとされる。両サイドも入口、出口も基本的には薄手の寒冷紗を張り、疎植栽培で作物の過繁茂を抑えれば、ハウス内が蒸れることもない。疫病やベト病などはこうした乾燥環境によって抑制できる。しかも、大量の落ち葉堆肥の溝施用によって乾燥の欠点は補正され、無灌水栽培の技術体系が確立されている。

小川さんの地域は豪雪地帯でハウスの場所には数メートルの積雪がある。当然に消雪は遅く、消雪後もしばらくは土壌水分は多い。その土壌水分を溝施用された大量の落ち葉堆肥に移行させ、そこに保持された土壌水分が栽培の全期間にわたって活かされていくのである。大量の落ち葉堆肥の溝施用は小川さんが編み出した中心技術の一つで、そこには豪雪の山村という条件が前向きに活かされている。

5・4m幅のハウスの場合にはトレンチャーで3本の溝を掘る。そこに大量の落ち葉堆肥を2段に埋め込み、その上に植え畝《うね》を立てる。畝の高さは土地の乾湿を踏まえて工夫する。溝の深さは50～70cmで幅は30～40cmである。

まず溝に落ち葉堆肥を7～8分目くらい埋めて、その上に溝の両肩を切り落としたゴロ土をかぶせる。その上に落ち葉堆肥を埋めて、さらにその上にトレンチャーで掘り上げた細かく砕土された土で畝を立てる。こうしないと栽培期間中に落ち葉の溝が沈み、植え畝が落ち込んでしまう。また、1段目の上に埋め戻す土にトレンチャーの砕土を使うとその後土は締まって土壌構造は悪くなってしまう。

こうした大量の落ち葉堆肥の2段溝施用によって、堆肥はゆっくりと分解し、栽培の中晩期に根の伸長に合わせて水分を作物に供給し、また肥料成分は待ち肥のように効いてくる。堆肥以外の施肥はしない。

トラクタではなくトレンチャーで埋め溝を掘る理由は、細く深い溝が掘れるからである。トラクタによる全面耕起は土壌構造を悪くするという認識がその前提にある。植え畝以外は不耕起なので人が歩いても耕盤はつくられず、土壌構造は壊されない。

落ち葉堆肥には桜の落ち葉が最良だという。桜の葉にはクマリンという抗菌物質が含まれており、とくにウリ科野菜の栽培には適しているという。これによってつる枯れ病、うどんこ病、アブラムシの発生がかなり抑制されるという。しかし、桜の落ち葉は潰れやすく空気含量が少なくなってしまうので、ナラ、ケヤキ、ブナ、クリなどの小枝も含む落ち葉も混ぜて利用する。落ち葉集めは積雪前の仕事になるが、山村の条件は大量の落ち葉集めに適している。

なお、トマトやインゲンなどの場合には、落ち葉集めの手間がないので牛糞堆肥で代用している。未熟なものでも深層施肥なので根に害がなく、安価で窒素分が幾分多い。いずれも同じ場所を掘るので表面にも完熟した前年の堆肥が粉砕された形で引き出され、「根付き肥」となっている。

育苗も落ち葉の発酵温床で、丈夫な苗が育てられる。発酵温床は翌年のすばらしい育苗腐葉土となる。

施設栽培では連作障害が起きることが少なくない。しかし、小川さんが工夫した落ち葉堆肥の大量溝施用は、最良の土づくり法でもあり、冬期間は被覆を剥がして土を雪にあてることも相まって、連作障害は起こらない。

トマト、メロン、ミニトマトなどの栽培は、若苗定植で、疎植の多本仕立てでいく。小川さんは側枝かき取りを基本とする1～2本仕立ての普通の栽培法は作物の力と環境の力を抑えつける制御主義の技術だと批判する。葉や枝をかき取ることは根を切ることと同じで、作物の生きる力を妨げてしまう。作物の健全な生長は元気な根の伸長と空間を上手に使って光合成を促進させることによって支えられる。疎植の多本仕立ては作物生理に沿った育て方であり、根張りがよく、乾燥条件に適合している。初期の収量は少ないが、後半期にも作物は元気で、栽培期間全体としてはむしろ多収となり、過繁茂が起きにくいので、病気も出ない。そのうえ味も良い。

小川さんはその考え方を「植物が伸びたいように伸びさせ、成りたいように成らせることが、一番健康な植物体をつくり、その植物ができる最高の果実を与えてくれることになる」と述べている。これは品種についても言える。従来「強すぎる」として育種の際に排除されるような特質をもつ品種や台木を選択、育種して、「木が暴れる」として避けられてきた若苗定植をすることにより、作物は生きる力を発揮して無化学肥料で順調に育っている。とくにメロンではカボチャに接ぎ木した上に、台葉を伸ばし、台果も1個成らせることにより、後期まで草勢を維持させている。

パイプハウスの両サイドには野草帯（ハウスの内側から外側に連続）が設定されている。ここが天敵等の棲み処《か》となってアブラムシなどの害虫被害を抑制してくれる。ただし雑草（野草）の種類によってはアブラムシ等の宿主になるものもあるのでそれは除去する。害虫との関係で除去したほうがよい雑草として、オオイヌノフグリ、トキワハゼ、ナズナ、イヌガラシ、イチビなどがあるという。

また、雑草管理は、選択的な草刈りと抜き取りをしていくために刈り払い機は使用せず、大鎌を使っている。除去すべき雑草（野草）としては、上記の害虫の宿主となるもののほかにカヤ、アシ、メヒシバなどのイネ科植物、クズなどつる草などがあり、できれば残したい雑草としてアサツキ、カキドオシ、ドクダミ、ナギナタコウジュ、ヨメナ、ヨモギ、ワラビ、アカザ、イヌビユなどがあるという。アカザ、イヌビユなどは丈が高くなるのでその前に折り倒す。ハウスを建てる時に問題となるのはカヤ（ススキ）の大株で、これはトレンチャーを使って粉砕除去する。ハウス内は作物が疎植なので初期に雑草が繁茂しがちだが、無灌水なので地表が乾いており、また表層は無施肥なので雑草発生は抑制される。ハウスによっては出荷できるほどワラビが出る場所もある。茂りすぎた畝間やパイプ際などの雑草は適宜、大鎌で刈り払う。

小川さんは自らの農業技術論として次のように述べている。

「植物としての作物の内的能力と、それを取り巻く環境（動植物、微生物、土壌、気象など）を活かしきるための技術として、すべての農法があるべきであり、農法間の違いは、環境条件や生産物に対する人間の目的の違いによる手段の違い、強調するところの違いにすぎない」

5　耕作放棄地がそのまま農の場に

浅野祐海さん（茨城県阿見町）

雑草が生い茂る耕作放棄地が浅野祐海さん（65歳）の農の場である。草むらをよく見るとそこに野菜が気ままに生えている。雑草に負けている野菜もあるが、結構元気に育っている野菜もある。元気がなかった野菜が何かのきっかけで元気に育ち始めることもある。雑草の中で生きる野菜たちのそんな育ちを少しずつ手助けするのが浅野さんの仕事だ。

残念なことだが茨城県南を代表する野菜産地だった阿見町農業も力を落としてすでに四半世紀が経

つ。若い生産者は激減し、農業者は高齢化し、耕作放棄地が各所に目立ち始めた。浅野さんが、独自の野菜作を試み始めたのはその頃だった。

耕作放棄地での不耕起草生栽培に取り組んだ直接のきっかけは、20年ほど前、奈良の川口由一さんの草と共に生きる自然農のことを本で知ったことだった。このやり方は自分に合っている、これなら自分にもやれそうだと感じて、それから手探りの取り組みが少しずつ始まった。やってみると、少しの手助けをすれば草むらの中でも野菜は結構育つことが判ってきた。

野菜作りの肥料として米ぬかやオカラをたくさん入手できたことも幸いした。オカラ発酵処理には手こずったこともあった。腐敗してしまったオカラを仕方なくそのまま耕作放棄地に放擲《ほうてき》したこともあった。ところがそんな場所でミミズが驚くほど増えているのだ。ミミズがたくさんいる土地では野菜もよく育ちおいしいことも判ってきた。

そんなことをしているうちに畑の様子が少しずつ変化していくのが判った。野菜もそれなりに育つようになった。試みに畑に棒を挿してみると、1mも2mも難なく突き刺さる。耕盤は嘘のように消えていたのだ。土壌は稲敷台地の火山灰土壌である。試しにトラクタを駆使して耕す隣の精農家の畑に棒を挿したら30㎝で止まってしまった。

浅野さんは朝起きるとまず畑（種を播いたり苗を植えたりした耕作放棄地）まわりをする。畑は各地に点在している。ほとんどが借りた耕作放棄地だ。その面積はだんだん増えている。この毎朝の畑まわりがなにより大切なことのようだ。とくにどういう作業をするわけでもない。草を刈るわけでもない。野菜に覆い被さる雑草を手で除《の》けてあげるくらいだ。それでも不思議なことに、毎朝そうして草の畑のなかを歩いてみると、草の状態が少しずつ変化していくのだ。野菜の育ちもそれに応じるようによくなっていく。

自然農では自家採種が大切だとされているが、浅野さんは種にはあまりこだわらない。主として市販の小袋の種を無造作に使っている。新しく頼まれた初めての耕作放棄地の場合は、いろいろな種類が混ざってしまった古い種をそのまま播いてみる。するとその時のその状態の畑に適した種が育っていく。ダメな種、ダメな種類の野菜もある。しかし、よく育つ種、よく育つ野菜もあるのだ。2作目からはこぼれ種からの自然生えの野菜も、大切にし、それが定着できるように手助けもする。

耕作放棄地への直播が普通だが、一部の野菜は苗をつくって移植することもある。

種まき、植え付けの時にはそれなりに手間をかける。植え筋の雑草を除け、植え溝を軽く削ることもある。品目によってはビニールマルチや不織布などを掛けることもある。それらも新品ではなく廃物利用のことが多い。

育ちは不揃いなので、収穫は一斉収穫ではなく、育ったものから順次収穫していく。間引きは育ちの悪いものからではなく、育ちの良い株を間引き、間引き菜として販売する。とても美味だと大好評だ。大きな株が間引かれると隣の小さな株が元気に育つようになる。

そんな形で収穫された野菜は、軽自動車に積んで、近くの住宅団地で引き売りをする。それぞれの場所には浅野さんの野菜の大ファンがいて、決められた曜日、決められた時間頃になるとその場所で待っていてくれる。初めの頃は仲間が始めた青空市に主に出荷していたが現在では引き売り中心になっている。販売は奥さんの仕事だ。奥さん手づくりの漬物、ジャム、ジュースなども人気商品となっている。

神奈川で会社員をしていた長男夫婦も数年前に帰農し、浅野さんとはひと味違う自然農に取り組んでいる。近所に農業の仲間もできはじめ、長男たちは長男たちなりの農の道を歩み始めている。

浅野さんは若い頃から農家の跡取りとして生きてきた。地元の野菜生産組合などのリーダーたちはみんな若い頃からの仲間だ。しかし、浅野さんは農業に邁進する彼らの仲間にはならず、農業の傍らトラックの運転手をしたり、言葉は適切ではないが横並びではなく気ままな生き方を大事にしてきた。浅野さんは山形・羽黒山の山伏の修行もしてきており、山伏名ももっている。最近は健康と自然療法にも強い関心をもち、それらの講習会にも参加し、野菜のお客さんらの健康相談にも応じるようになっている。

浅野さんの家にもトラクタなどがあったが、使わないので機械商に引き取ってもらってしまった。あるのは軽トラックと出荷用の軽ワゴンだけだ。収入は多くはないがコストはほとんどかからない。作柄は徐々にだがよくなっており、土地面積に不足はない。主な労働は毎朝の畑巡回であり、それはこれから年をとっていっても苦にもならないだろう。人柄ではあるが穏やかな笑顔が絶えることがない。

6　大豆と麦の導入で水田農法の高度化を図る

浦部修さん（群馬県藤岡市）

浦部修さん（62歳）は群馬県南部の平坦地域で米、大麦、大豆の有機農業を営んでいる。経営面積は水田23ha、畑6haである。ほとんどが頼まれた借地である。もともとの自作地は1haくらいだったというからめざましい急成長だ。米は健康に対する機能性を重視した黒米、赤米などの古代米が主力で、５００g真空パックを基本として、すべて個人宅配で販売している。大麦と大豆は委託加工で有機味噌として販売している。新規参入の農業者を育てることにも力を入れており、すでに10名近い研修生が独立し、米作を軸とした有機農業に取り組んでいる。

浦部さん夫妻は以前は東京都職員で、藤岡の実家を離れて東京で暮らしていた。しかし、30年ほど前に妻が難病に罹《かか》り、苦しい闘病の末、治療回復には食＝有機米（なかでも黒米や赤米）と自然の中での野良仕事がとてもよいことを体験した。東京から実家に引っ越し、まず妻は退職して健康のために有機の米づくりに本格的に取り組み、浦部さんは農業をしながら、東京にも通勤する兼業農家の暮らしとなった。22年前のことだった。食べもので健康を取り戻したいという人は身近にも大勢いて、健康への道を語り合いながら、求めに応じて機能性の高い有機の古代米を頒布する活動が少しずつ広がっていった。

機械装備を整え営農体制も確立し、借地ながら農地も増え、１９９０年代の終わり頃までには５ha規模の有機稲作の営農体制が確立した。古代米等の需要は増え続け、それに応えるために７ha余まで拡大したところで、東京都職員との兼業では無理になり、２００３年に退職し、約30 haの現在の大規模な農園体制へと突き進むことになった。

顧客数は８０００人にも及び、年間一括予約の人も２５０名ほどいる。顧客が求めるものは通常の米ではなく、機能性の高い有機米である。経営確立のプロセスでもっとも重要だったことは、さまざまな健康問題にそれぞれ応えていける品種と栽培方法と食べ方を確立することだった。この課題については妻の自身の体験と悩みを抱える顧客との協働した試行錯誤のなかで、実際に効果のある機能性の米の品揃えを確立していった。主なものとしては、「古代赤米（うるち）」「古代黒米（もち）」「紫黒米（もち）」「低アミロース米」「有機ササニシキ」「有機コシヒカリ」などで、それぞれ食べ方に応じて玄米、白米、７分つき米などが用意されている。

こうした健康志向の機能性米の人気は高かったのだが、福島第一原発事故の風評被害で２０１１年産米の顧客は約３０００人に激減してしまった。放射能測定で１ベクレル未満であることの検査票を添付してもなかなか顧客は戻らなかった。突然襲った経営危機を乗り越えるべく、賠償を求めて東電を告訴し、２０１２年産米の販売に懸命に取り組んでいるところである。

経営技術面では田んぼ作りと雑草対策が最大の課題だった。

藤岡市でも地域農業の力は著しく衰えつつあり、借りてほしいという申し出は多く、断りきれずほとんどは引き受けてきた。しかし、こうした経過の下では条件の悪い田んぼが集まってしまうのは免れることができない。共通した問題は排水不良と畦畔の崩れである。

冬期間に明渠を掘って排水改良に努め、湛水期間にも排水溝を掘るなどの工夫で排水不良田を減らしていった。また、栽培技術の基本は深水栽培なので、畦畔づくりは入念に行なっている。畦塗り機で二度三度と畦塗りを繰り返し、最低10㎝、できれば15㎝の深水を張れるようにしている。

雑草対策では苦労が続いている。手取り除草と田車から始まって、さまざまな機械除草にも取り組み、紙マルチ栽培もやってみた。しかし、こうした「除草」の考えでは問題は根本的には解決しない、「抑草」の技術確立が不可欠だと痛感するようになった。土づくりと栽培の高度化によって少しずつ草に泣かされない、草に負けない米作りを農法体制として確立することが本筋だと考えるようになったのだ。

基本は排水改良としっかりとした畦作りである。冬にはよく乾き、夏は深水を張れて、いつでも自由な水管理ができ、用水を止めれば表面水は速やかに排水できあまりぬかるまない。そんな田んぼ作りを工夫してきた。そういう田んぼでは米もよく育つ。田んぼにはよく発酵した牛糞堆肥を入れているが、そんな改善されてきた田んぼには堆肥をたくさん入れる必要もなくなってきている。

大きな転機は麦（大麦）、大豆を導入し、二毛作に取り組むようになったことだった。味噌会社からの提案で有機の麦味噌を作ることになった。大麦の作付け開始が浦部さんの都職員退職の1年前、大豆の作付けは1年後のことだった。この地域は米麦二毛作地帯で冬の麦作は農耕の伝統的なあり方だった。しかし、どの田んぼにも麦や大豆を作付けできるわけではなかった。二毛作の導入は、排水改良が進み田んぼがよくなったところに限られていた。そしてそんな田んぼではおおむね雑草対策がうまく進むのである。大麦は麦味噌の原料として、また麦茶に加工して販売している。

その頃は雑草対策は機械除草、米ぬかとクズ大豆散布で対応していた。米ぬかクズ大豆散布による抑草だけではうまくいく田んぼとなかなかうまくいかない田んぼがあった。大豆の導入による田畑輪換方式の試みは農法改善にたいへん効果があった。また、麦や大豆の導入自体にも抑草効果があり、また、大豆はかなりのこぼれ種（10ａで30kgほど）があり、これによる抑草効果もかなりあると浦部さんは実感している。大豆の収量は10ａで１５０～２００kgくらいで、そのほかにクズ大豆が50kgくらいは出る。さらにこぼれ種が30kg。玄米出荷が多いとはいえ、白米需要もあるから米ぬかも出る。これらは経営内の重要な資源循環である。

水稲単作から米・麦・大豆の二毛作へ、排水不良田から地力のある乾田へ、そして営農的な抑草体制の充実へ。ここに経営内の農法形成の道筋が見えてきている。

7　北の大地に有畜複合農業を築く　本田廣一さん（興農ファーム、北海道標津町）(4)

本田廣一さん（64歳）は「有機農業は有畜複合農業を基本的なあり方とすべきだ」と力説する。それなのに日本の有機農業の現状は野菜栽培にだけ偏っており、土地利用の基本となる穀物作や飼料自給型畜産を積極的に位置づけていないと批判する。本田さんの有機農業論は、その基本に土地を大切に位置づけ、土地利用の視点を重視し、作物の組み合わせを工夫し、それを連関させつつ活かしていくという方向がめざされており、そうした有機農業を能動的に動かしていく位置に畜産があると主張している。正論である。

北海道標津《しべつ》町はオホーツク海に面した冷涼の土地である。夏も冷たい海霧が立ちこめる日が多く、一般には穀物生産は無理だとされてきた。アイヌの時代には大きな集落群があったと記録されているが、明治以降の農業開拓は、厳しい気候条件に阻まれて苦難の歩みを続けた。戦後になって、この地は穀物生産には不適だが、北方性の牧草はよく育つので、草地型酪農の育成には可能性ありという判断が示され、世界銀行の特別融資も含めて国家的投資がされ、隣の別海町には国主導で「新酪農村」が建設された。標津町もそれに倣って鮭漁業と草地型酪農の二つを産業とする町に特化していった。

本田さんたちが大学時代の仲間たちと農の大地を求めて就農したのはこの地方が酪農王国として名声をはせていた時代だった（１９７６年）。本田さんたちが立ち上げた興農塾（その後に興農ファームと改称）は有畜総合農法をめざしたが、まずは専業酪農経営としてスタートした。

離農跡地を購入して酪農を始めた。しかし、土地はやせており牧草は針のようにしか育たなかった。化学肥料の大量施用を勧められたがその経費もなく、農の本道を求めてバーク（木の皮）を使った堆肥づくりに取り組んだ。堆肥施用で草地はめざましく改良され、春の消雪はまわりの草地より１週間も早くなり、秋も遅くまで緑は消えず、草の産量も増加し、牛は健康を取り戻し、間もなく１９８４年には産乳量が標津町でトップになるほどになった。

その後、搾乳施設新設の時に施工ミスで酪農を断念しなければならなくなり、草地型の牛と豚の肉畜経営に転換して現在に至っている。

隣接の酪農家が離農し、その土地を買い取るなどして現在は草地面積120haとなっている。現在の飼養家畜数は、ホルスタイン牡の未去勢若齢肥育（YBB）約600頭、アンガス牛の完全放牧80頭、放牧養豚800頭（母豚70頭）である。と畜した家畜は全て買い戻し、自家で精肉加工をして、自然食店や生協などの協力を得て全量自家販売している。

興農ファームの農業技術の根本的考え方、基本方針は次のようである。

①土づくり

畜舎の床にはオガクズ、麦ワラなどが厚く敷き詰められ、発酵堆肥を戻し堆肥として使用し、畜舎全体が発酵型の管理になっており、畜舎から排出された糞尿は堆積され、切り返され、数年間、十分に腐熟させた後に、その全てが草地に堆肥として還元されている。牧草はマメ科牧草の比率を高め、マメ科牧草は定着し、その面でも土づくりは進んでいる。

②良質の干し草

牧草は、出穂期直前をめどにして高栄養の適期刈り取り（2番草までの収穫を基本とする）、完全乾燥で香りの良い干し草を大量に確保し、周年、家畜にふんだんに食べさせる。

③濃厚飼料は、国産のクズ小麦、農業残渣物、食品産業残渣物などを発酵処理させた発酵飼料とする。家畜の状態、生育ステージなどを考慮して独自に計算、設計した国産、自給、発酵型の自家製飼料である。

④家畜の免疫力

家畜の免疫力を高めることを重視し、丁寧な哺育、適度な運動、採光、放牧、自由採食、発酵飼料、ヨーグルト、発酵土採食などを重視する。また、発酵微生物の環境を壊し、免疫力を低下させることが多い抗生物質はできるだけ使わない。

⑤畑作への挑戦

長年にわたる土づくりの成果を踏まえて、更新予定の草地に豚を放牧し、草と土を食べさせ、糞土による土づくりをして、その後に、バレイショ、ナタネ、ソバなどの畑作物を導入し、草地だけでない北方地方に適合した複合輪換的土地利用の体系を作っていく。放牧養豚の導入は画期的な取り組みだった。畑作の本格的構築はこれからの課題だが、クズイモ、ナタネの絞り粕などは家畜飼料に生かしていく計画である。

これらの技術方針の中で共通して重視されていることは次のようである。

家畜飼育については、高栄養による生長促進は図らず、ゆっくりとした生長で健全な体を育てる、良質な干し草と発酵飼料で育てる、放牧を重視し家畜の自然環境への順応のなかで家畜の健康を作っていく。

土地管理については、放牧による土づくり、堆肥還元による土づくりをすすめる。

そして家畜飼養と土地管理をつなぐこととして土と微生物共生に注目し、家畜も土も作物も多様な微生物の共生系としてつながっていくように発酵系の微生物環境を作ることにとくに留意するようになっている。ポイントはN／C比率で、土も家畜の消化器も作物の体もN過多にならないように工夫されている。また、放牧養豚の導入で土地利用の高度化が図られ、草地型酪農のせまい枠を超えて、この地域に寒冷地型有畜複合農業の展開を実現しようとのチャレンジが続けられている。

こうした技術展開の方向は、土地風土を踏まえて、土地の力を育て、そこに農の体系を能動的に築いていこうとする農法形成の視点である。その視野は単に農業だけにとどまらせるのではなく、もう一つの地域産業である漁業とも結び合い、漁業からの廃棄物を飼料や肥料として生かす地場産業を興し、知床標津の風土を生かした複合的地域産業の構築も構想されている。

注

(1) 戸松正「クズ麦マルチとコンパニオンプランツで無農薬野菜つくり」『現代農業』2011年8月号

(2) 舘野廣幸「雑草を味方にする有機稲作技術——雑草を抑えるために雑草を生やす　思考の転換を」『土と健康』418号、2010年8・9月合併号

舘野廣幸『有機農業・みんなの疑問』筑波書房、2007年

涌井義郎・舘野廣幸『解説　日本の有機農法』筑波書房、2008年

(3) 小川光『トマト・メロンの自然流栽培』農文協、2011年

(4) 本田廣一「畜産におけるいのちと自然の回復をめざして——興農ファームの実践から」日本有機農業学会編『いのち育む有機農業』コモンズ、2006年

本田廣一「農業は面白い職業と知らない人はかわいそう」中島・金子・西村編『有機農業の技術と考え方』コモンズ、2010年

第2部

有機農業とはどんな農業なのか

第4章　有機農業は普通の農業だ——農業論としての有機農業

1　有機農業とはどんな農業なのか

第1部の「自然共生型農業としての有機農業の技術論」では、有機農業技術論についての私たちの模索の最新の到達点について述べた。まだ不十分で、荒削りで、個別的には詰めるべき課題は多く残されているが、大きな方向性としては間違いないだろうと考えている。

そのことを前提として第2部の「有機農業とはどんな農業なのか」では、有機農業の技術論の全体像について体系的に解説し、そうした認識の基礎となっているいくつかの各論についてこれまで書きためた論考を収録したい。

本書で提示する私の有機農業技術論は、世間で通常語られている有機農業技術論とはかなり異なっている。その違いはおそらく、私が有機農業技術論を特殊農法の技術論だとは捉えておらず、それは農業技術論の本筋の考察の中軸におかれるべき理論だと考えてきた点にあるのだと思う。

第１部でも述べたように有機農業技術論は当然に有機農業論と対をなしている。とすれば上述の技術論についての私と世間の常識との違いは、「有機農業とはどんな農業なのか」という問いへの私の回答の独自性がその裏側にはあるということだろう。私は有機農業を農業の特殊なあるいは特別なあり方としてではなく、農業の一般的なあり方と展望のなかに位置づけるべきだと考えている。有機農業は農業論として語るべきだというのが私の基本的な立場なのだ。そこで、これから解説する私の有機農業技術論の理解のために、その前提にある私の有機農業論について二つの近著で述べたことを引いておきたい。

「有機農業は自然共生を求める農業のあり方であり、ＪＡＳ規格等の特別な基準を満たすための特殊農法ではないというのが私の立場である。こうした視点に立ったときに有機農業の展開の多様性や未来を拓く可能性が見えてくる。

ところで、農業とは何だろうか。それは自然と人為のバランスの上に成立する営みである。農業を発見し獲得したことで人類は食べ物の安定した確保が可能となり、それを踏まえて現在につながる人類史が作られてきた。

有機農業では、こうした農業における自然と人為のバランスの取り方に関して、自然を基礎として位置づけ、そこでの土と作物のいのちの営みに、適切な人為が『手入れ』という形で加わるというあり方が追求されてきた。地域の自然を基盤として、営みの主役として田畑と作物の生命力、生態的力があり、それに人の労働と技術が寄り添うというあり方が有機農業の実践として積み重ねられてきた。そして、そうした農業の取り組みを軸として、地域に食と環境と文化とコミュニティの連鎖が作られていくというあり方が有機農業を通して構想されてきた地域社会像だった。考えてみれば、こうしたあり方は農業の本来のあり方に他ならない。そこで構想されてきた社会像は地球温暖化対策の言い方で言えば『低炭素化社会』に他ならない」

（中島紀一・金子美登・西村和雄編『有機農業の技術と考え方』コモンズ、2010年）

「有機農業が自らの独自性を主張し、他の近代農業との区別を求めるのは、規格基準等の個々の点にあるのではなく、農業のあり方を自然との共生の線上に追究し、その線上で農を基盤として食と自然の良い関係を創っていこうとする方向性に関してである。有機農業が、自然と人間が共生し、持続的な豊かさを実現していく展望を掲げ、その道を拓きつつあるという点こそが、公的支援論との関連で求められる有機農業の定義の内容ということになる。こうした視点からすれば、農業は基本的には民間の営みであるということを踏まえて、そこでの公的支援は、基本的にはそうした方向への転換への積極的支持と転換にかかわる困難を和らげるための支援ということになる。

農業はもともと自然に依拠して、その恩恵を安定して得ていく、すなわち自然共生の人類史的営みとしてあった。ところが近代農業では、科学技術の名の下に、農業を自然との共生から自然離脱の人工の世界に移行させ、工業的技術とその製品を導入することで生産力を向上させることが目指されてきてしまった。こうした近代農業は、地域の環境を壊し、食べものの安全性を損ね、農業の持続性を危うくしてしまった。こうした時代的状況のなかで有機農業は、近代農業のそうしたあり方を強く批判し、農業と自然との関係を修復し、自然の条件と力を農業に活かし、自然との共生関係回復の線上に生産力展開を目指そうとする営みであった。

こうした視点から有機農業の展開方向を考えた場合には、その技術展開の基本方向は農業における『自然共生』の追求であり、具体的には低投入、内部循環の高度化、活性化という技術のあり方が追求され、そうしたことを踏まえて農業と農村地域社会の持続性の確保が目指されることになる」

（中島紀一『有機農業政策と農の再生』コモンズ、２０１１年）

すでに繰り返し述べたように、私の考えは、有機農業を特定の技術基準に基づいて実施される特殊農法とは位置づけない、有機農業の意味とあり方を農業一般論のなかで捉えていこうという方向である。それは、有機農業を農業の本来のあり方の回復をめざす公共性のある社会的取り組みであると位置づけていくという考え方の整理でもあった。２００６年12月に奇跡のような出来事として有機農業推進法が制定されたが、国や自治体が有機農業を法的責務として推進するというあり方の前提には、有機農業にはそれにふさわしい公共的価値があることが社会の中で明確になっていくことがぜひ必要だという認識ともつながっていた。

ここでは、農業は本来、自然と人間の共生的あり方の追求としてあったが、近代農業では、自然離脱、人為優先が基本とされてしまい、長い時代のなかで先祖の人々の営みが築いてきた基本的あり方が大きく歪められてしまったという認識が基礎となっている。

有機農業論は近代農業批判から組み立てられてきたものなのだが、私の立場は、その批判を農業の外側から、外在的に行なうのではなく、農業の内側から、内在的に、すなわち農業の自己変革の展望として考えるべきだというものなのだ。だから、私の近代農業批判は、厳しい言葉は使っているが、その批判には、農業を共に担う仲間として、その農業は本来、このように考えていったほうがよいのではないかと語りかけたいとする気持ちが込められている。

最近は新規参入で有機農業に参加する若者たちが増えている。農業全体の担い手の急減の中で、農業後継者はわずかしかいなくなるなかで、有機農業者は増加し、その主な給源は農業にも農村にもあまり縁がなかった都市の若者たちだというのが今日の状況となっている。おそらくこれからもこうした傾向は強まるのだろう。私はこうした状況を一面では嬉しく、しかし、内面的にはとても悲しく受け止めている。

有機農業に新規参入してくる都市出身の若者たちの心には、自然と共に生きたいという志があり、そうした価値観への目覚めが、彼ら、彼女らの決断を促していることは明らかである。有機農業の主張や実践には、それだけの社会的力があるのだろう。もし農業全体が有機農業的に再編されれば、それは社会全体のあり方を変えていくことになるという、新しい農本主義への展望を確信することもできる。

しかし、やはり農業は農業であり、田舎は田舎なのだ。それは理念や価値観である前に、風土であり、伝統的な暮らし方であり、その地で生きてきた生業なのだ。有機農業についてもその主な担い手はまず誰よりも従来からの農家であってほしい、田舎のむらびとたちこそがその担い手となっていってほしいという気持ちが私には強くある。私はあくまでもその道をこそ追求したいと考えている。すこし脇道に逸れてしまったが、私は、こうした考えと思いを土台として、これからの農業の発展は、農業が本来の大道に戻るなかから展望されていくと主張している。そして「有機農業の技術的到達点調査」（日本有機農業学会）やそれに引き続く共同研究の研究結果として析出された「成熟期有機農業」群の存在は、有機農業の先端的実態が、農業が本来立ち戻るべき地点に到達しつつあることを示しているように考えているのである。

2　有機農業技術の骨格――「低投入・内部循環・自然共生」の技術形成

有機農業は自発的意志に基づく、在野の自由な農業運動であるから、その取り組みは当然個別的なものであり、そこには公認の理論があるわけではない。だから、その技術的動向を的確に把握することもたいへん難しい。しかし、第1部第2章で紹介したような共同研究や有機農業者らとの集団的検討を踏まえて「有機農業は、自然の摂理を活かし、作物の生きる力を引き出し、健康な食べものを生産し、日本の風土に根ざした生活文化を創り出す、農業本来のあり方を再建しようとする営みだ」という有機農業の技術動向についての共通認識が得られ、その技術の特質は、自然の摂理を活かし、作物の生きる力を引き出そうとする点にあり、それをキィワードで示せば「低投入・内部循環・自然共生」と総括されるという認識にまとめられるに至ったのである。以下では、私たちの共同研究、共同検討の成果を踏まえて「低投入・内部循環・自然共生」としての有機農業技術の骨格について解説したい。

(1) 近代農業の技術開発の基本線

近代農業は、産業革命によって農村と切り離されて急成長する都市の食料需要に対応するものとして再編、構築されてきた。

成長拡大する都市の食料需要に対応するなかで、自給的農業生産体制は崩され、都市に向けての商品生産の追求のなかで、農業生産現場は大混乱に陥っていった。求められる食料増産に対応することは短期的には可能なのだが、中長期的には問題点が続出し、安定した生産体制がなかなかつくれないのだ。そこでの最大の問題は地力問題で、増産の一方的追求は地力の減耗を生んでしまうのである。

近代農学はこうした問題への処方箋を示す学問として誕生した。その最初の理論的リーダーがテーア[1](1752~1829)とチューネン(1782~1850)だった。彼らは合理的な堆肥施用によ

〈伝統的農業における物質循環モデル〉
大地（M）→（養分吸収　M－m）→作物（m）→食料消費（m）
└─人糞・作物残滓の農地還元（＋m）←

〈都市・農村分離時代の物質循環破綻モデル〉
大地（M）→（養分吸収　M－m）→作物（m）→食料消費（m）→海への流出（m）

〈人造肥料の外部補給による物質循環回復モデル〉
大地（M）→（養分吸収　M－m）→作物（m）→食料消費（m）→海への流出（m）
└─人造肥料による養分補給（＋m'）（ただし m'≒m）

図４−１　リービヒの物質循環モデル——地域循環から外部補給へ

る地力均衡論（これを当時は「農業重学」と呼称していた）を提起し、さらにそもそも農業には一方的増産はできない特質があるのだとして「収穫逓減の法則」を定式化した。

伝統的農業から近代農業に移行する初めの頃に、農業の基本原理とされてきたのが「収穫逓減の法則」だった。増産のためには地力補給のために堆肥の増投が必要とされるがそれにも限界があり、過度な堆肥投入は必ず減収を招いてしまう。農業においては資材投入などによる生産性向上の努力はどこかで必ず行き詰まり、かえって逆効果を生んでしまうという経験則がこの法則で厳しく説かれてきた。別言すれば、この法則は農業の持続可能性はほどほどの調和点維持への自覚を踏まえて実現されるのだという教えであった。この理論が踏まえられていた限りでは、農業の持続性は構造的に保障されていたと考えられる。

それに対して、こうした近代農学の最初のあり方の批判者としてリービヒ（１８０３〜１８７３）が登場した。彼は、成長する大都市（遠隔地）への食料供給への対応として再編、構築されつつあった商品生産的農業の技術的限界は物質循環の破綻にあると

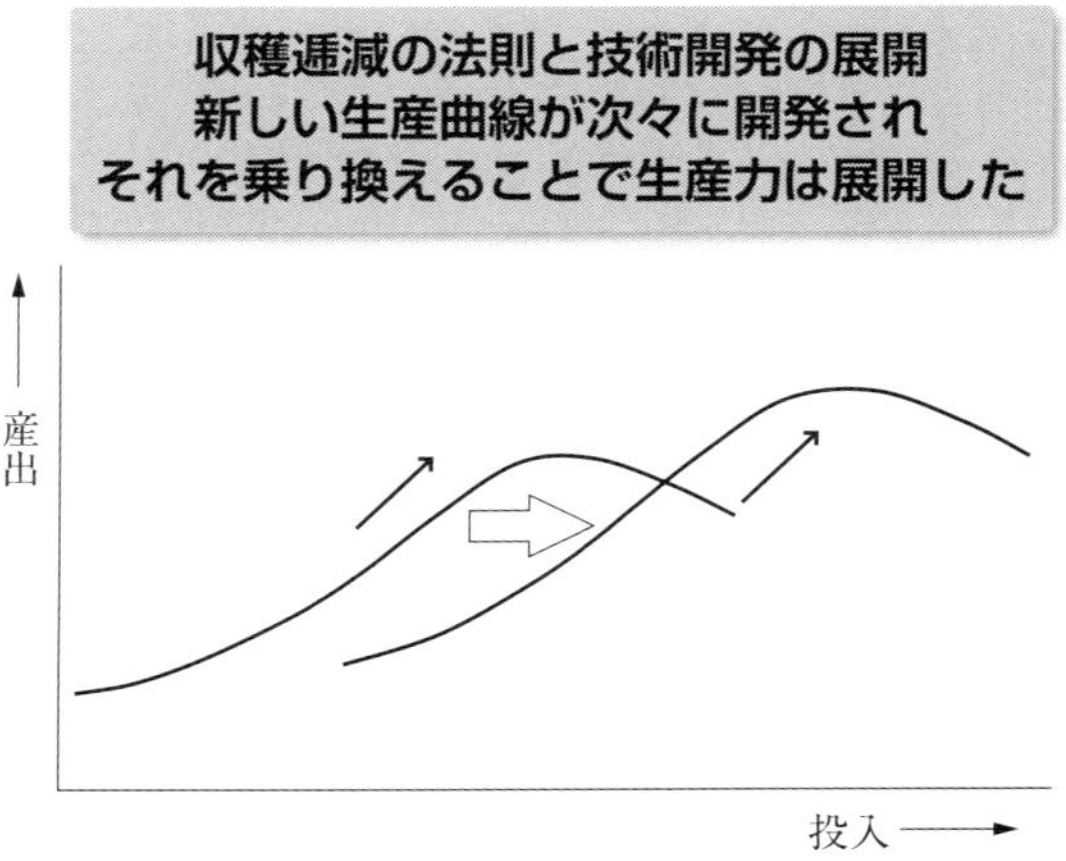
収穫逓減の法則と技術開発の展開
新しい生産曲線が次々に開発され
それを乗り換えることで生産力は展開した
産出
投入

図4-2　農業における収穫逓減の法則と生産力発展の一般モデル　（中島、2007）

見抜き、地力均衡論は現実を直視しない謬論だとした。そうした事態への対策として、食べものとともに大都市へ流出していくミネラル資源を外部から補給するという技術的処方箋を書き、そのための人造肥料の開発などの技術研究に取り組んだ。その時リービヒが想定した農業にかかわる物質循環フローは図4-1のようであった。

現実の農業は、テーアらが定式化したように収穫逓減の法則に支配されており、外部からの投入の拡大は、堆肥であっても、人造肥料であっても、産出拡大には必ずしも結果せず、持続性のある農業のためには、ほどほどに投入を抑え、ほどほどの産出でよしとすることが事実上の基本原則となってきた。農業の中にこうした現実的な枠組みが残されている限りでは、リービヒの外部資材の投入による循環修復の技術理論も、農業の性格を大きく変えるものとはならなかった。

だが、科学技術の進展とさまざまな投入資材を開発する工業生産力の展開のなかで、肥料の改善、耕耘機械の改善、土地条件の改善、品種の改良などによって、つぎつぎに新しい収穫曲線が開発され、図4－2に示したように、より効率的な収穫曲線が次々と開発され、農業生産の展開はそれらの収穫曲線を次々に乗り換えるプロセスとして進み、結局は、投入の拡大で産出の増加を追求する生産関数的世界に農業もはまりこんでいってしまった。このような技術路線の下では、生産追求の農家の営農努力は、結果として、農業を環境負荷拡大を必然とする工業的生産論理に組み込んでいってしまうことになってしまった。

これが近代農業の生産力拡大の実情であり、投入増大の累積のなかで、近代農業は間もなく環境容量的限界を超えることになってしまった。ここにメドウズらが端的に指摘した、工業の川下産業としての農業というあり方を必然としてしまう技術論的根拠があった（この点については第7章で詳述したい）。

(2) 圃場内外の生態系に依拠する有機農業の技術形成

しかし、有機農業ではそれとは違った路線上に自らの発展論理を求めようとしてきた。すなわち第1章1で示した図1－1のように、低投入のA地点から多投入のB地点に移行することで産出拡大を図ろうとするのではなく（近代農業はその道を突き進んだ）、低投入のA地点に止まったままで、生産拡大を図ろうとしてきたのである。それは簡単なことではなかったが、土づくりなどの有機農業の技術的取り組みと、その時間的蓄積の中でこのことは徐々にではあるが実現されてきた。

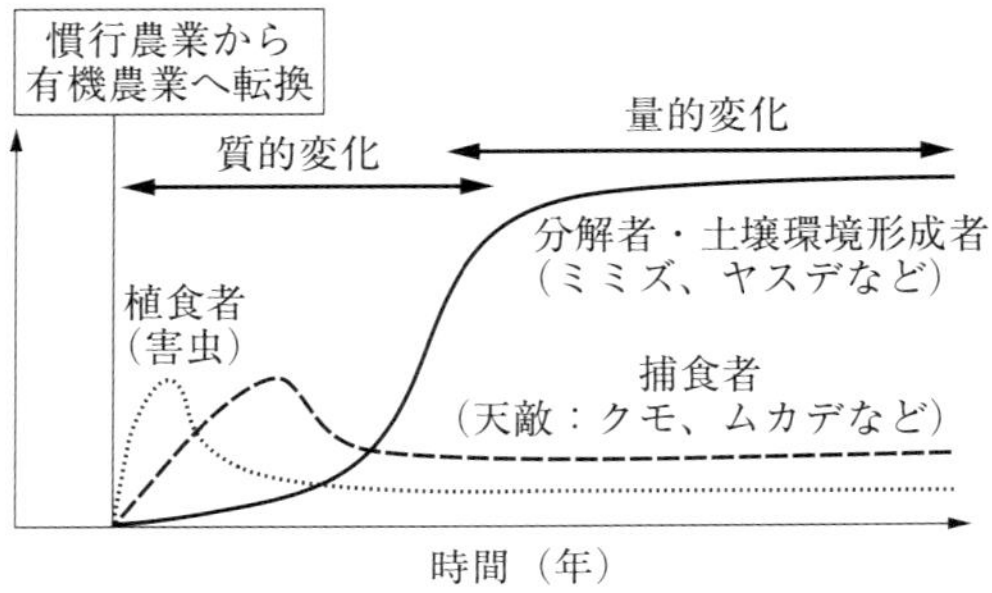

図4−3　有機農業圃場における動物群集の変化
（多くの調査をもとに作図）

（藤田、2007に加筆）

注：量的変化から質的変化への移行は、土壌の状態や転換後の管理方法によって異なる。2－3年でみられる場合もあるが、10年以上かかる場合もある。

有機農業においてなぜ、低投入で生産を高めていくことができたのか。その技術論メカニズムは第1章1で示した図1−2のように理解されている。

有機農業の生産力形成は、基本的には外部からの投入に依存するのではなく、圃場内外の生態系形成とその活力に依存しようとしてきたのである。ここに近代農業と有機農業を分ける技術論としての基本点があった。

化学肥料や農薬などの工業製品外部投入と圃場の生態系形成は図1−2のようにおおむね逆相関の関係にあり、多投入は生態系の貧弱化を必然化させることになる。化学肥料や農薬の多投で土壌の微生物生態系や圃場の昆虫などが極端に劣化してしまう。人為優先の近代農業においては、圃場の生態系形成への配慮が欠落しており、そのことが圃場生態系の貧弱化を加速させ、そのことがまた資材多投を加速させてしまってきた。

しかし有機農業においては、多投入の道には進まず、穏やかな低投入にこだわり、生態系の形成を多面的に追求しようとする。そこに土づくりなどの有機農業らしい技術的工夫の積み上げと生態系形成への時間的蓄積が加わることによって、通常以上の生産的成果を生み出してきているのである。有機農業では、圃場にはいのちの営みがあると考えており、近代農業とは違って生態系形成のための時間的蓄積が重要な概念と位置づけられてきた。

圃場生態系形成の時間的経過に関して、土壌生物の組成の構造的変化という視点から藤田正雄氏は図4－3のように解説している。すなわち、化学肥料や農薬によって、土壌生物の多様性が否定され土壌病害多発のメカニズムの中にある近代農業において、農薬の使用だけが中止されれば土壌病害虫は異常発生していく。しかし、害虫等の異常発生は、続いて天敵の生息を増大させ、結局は天敵の拡大が害虫の生息を押さえ込み、害虫も天敵も生息数が縮減していく。しかし、しばらくするとその代わりに害虫でも天敵でもない、ただの虫たち、ただの生きものたちの複雑で安定した生態系が形成され、作物の生育環境は良好な状態で安定化していくというのである。第1章3で紹介した高橋史樹氏の第二の平衡点の一般的出現である。

（3）作物の自立的生命力を育てる有機農業の技術形成

有機農業技術形成のもう一つの柱は、作物の自立的生命力を育てるという点にある。これも圃場生態系形成と同じように、人為優先の世界ではなく、作物自身のいのちの世界のことである。作物の自身の自立的生命力の内容としては、免疫性、健全な生長性、環境適応力などが挙げられる。第1章2で紹介した成澤才彦氏や池田成志氏らの研究によれば、この場面で菌根菌などのエンドファイトや根

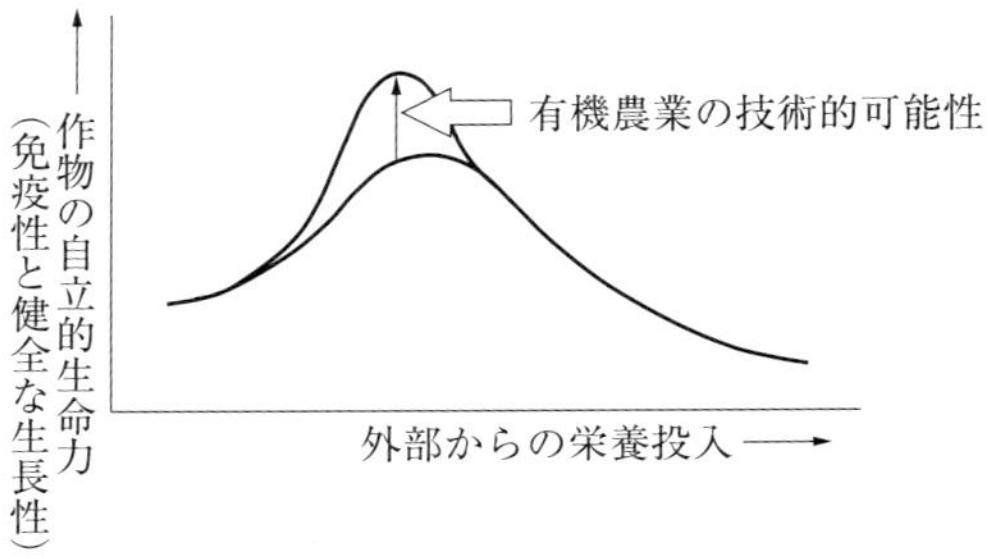

図4-4　低投入で作物の自立的生命力は高まる
（中島、2007）

圏で作物との関係で形成されるエピファイトなど、体内、体表、その周辺における微生物共生系の多面的形成が、なかでも根圏におけるそれが、とくに重要な意味をもってくる。作物は、微生物との共生関係をつくることによって、またそのほかの環境に能動的に適応するなかで自立的に生きる力を獲得していく。そこでは自家採種、品種選抜などによる作物の遺伝的力も働くだろうが、これらは主として栽培過程における後天的な獲得形質だということも重要だと思われる。

このような自立的生命力の育成は、外部からの栄養投入との関係で言えば、低投入と内部循環の高度化の条件下でより大きな成果が得られることが経験則として明確になっている。逆に多投入の条件下では、作物の生育は投入資材に依存するようになってしまい、自立性は損なわれていく。図4-4に示したように、有機農業においては、より低投入の条件下で、作物自身の力を引き出し、自立的に生長するように誘導することが意識的に追求され、ある程度その技術化に成功している。第1章2で「苗半作」について言及したが、作物が肥料依存型の生育に進むか、根の張りがよく、地力依存型の生育に進むかは、発芽、発根、そして幼植物時の栽培環境によって方向づけられるところが大きい。低投入、低栄養の環境条件とそこでの微生物共生系の形成が、その生育パターン決定に大きく関与しているのである。

また、有機農業の実践のなかでは、このような作物の自立的生命力の向上が、病害虫への作物の抵抗力や抑止力を増大させていくことも確かめられている（図４－５）。健全に育った作物の体内には、病気や害虫を引き寄せるような生理的状態は作られにくく、また罹病し、加害されたとしても、治癒し、その被害に負けない、代償的生育なども含めた、多面的な生育力が備わっていくのである。病気や害虫の大発生は、環境と作物の異常状態のなかに出現する現象であり、健全な環境と生育の下ではそれほど頻繁には起こらないという認識がそこにはある。

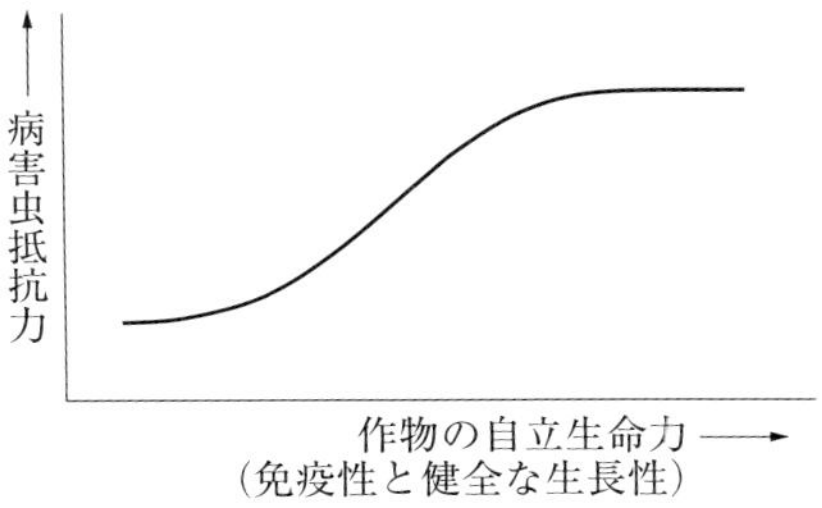

図４－５　作物の自立的生命力が病虫害を抑える　（中島、2007）

さらに、こうした作物の自立的生命力の向上は、作物の環境適応力の向上にもつながっているようである。作物の環境適応力の内容としては、土づくりなどで形成される圃場生態系と積極的に応答しつつ①健全な生育を果たしていく能力と②さまざまな天候異変等への適応力の二つが考えられるが、低投入と内部循環の高度化という技術的取り組みとその蓄積によってこの二つの環境適応力がともに向上することも有機農業の実践のなかで確かめられつつある。冷害、日照り、湿害などに有機農業の作物は強いのである。

（4）自然共生型地域社会形成をめざす有機農業技術の展開方向

このような圃場内外の生態系に依拠する有機農業の技術形成は、農業経営において多様な部門が構築され、多種の作物が栽培され、それらが相互に循環的に関係し合い、その循環的な関係が家畜飼養によって能動的に加速され、土地利用も土地条件に見合って輪換的に複合化されていくことによってよりよく推進される。近代化農業においては、経営部門の単純化と規模拡大だけが奨励されてきたが、有機農業の長い経験は、循環型の有畜複合経営の合理性、優位性を教えている。

自然は地域的広がりの中にある。有機農業技術は、圃場における生態系形成の線上に構築される。そして、そのような生態系は当たり前のこととして地域的広がりの生態系の一部をなしている。有機農業普及の経験からすると、面的に広がった有機農業の団地的展開と小地片ごとの孤立した取り組みを比較すると、団地的展開の場合ははるかに容易だという経験則がある。端的に言えば団地的展開の場合は病害虫が出にくいのである。これなどは藤田氏による図4−3の世界が地域的広がりの中で形成されていくことの証左と言えるだろう。

だが、付言すると、かといって小地片ごとの有機農業ができないとか意義が小さいということではない。孤立した小地片での取り組みであっても、有機農業転換の1年目から、圃場における生物種多様性は回復していく。孤立した小地片であっても、希少生物等の回復が確認されるのである。この事実は、シードバンク（埋土種子）等による植生の回復というだけでなく、地域内にわずかに生き残っていた農村生物の逃げ込み場として有機農業圃場が機能していることも示唆している。別言すれば孤立した小土片の圃場であっても、地域的な生態系の支援を受けながら圃場生態系の回復、形成は進んでいくということになる。

圃場と里地里山などとの生態的関係も重要である。地域の安定した生態系の拠点は里地里山にある。手入れがされた里山も大切だが、手入れのされていない藪地もまた大切な意味をもっている。そうした多様な里地里山が圃場の周辺に配置され、その資源が農業と暮らしに循環的に活かされていく仕組み作りがとくに重要なのである。農業も暮らしも地域の生態系の一部として生きており、その恵みを活かそうとする取り組みとして有機農業はあるのだろう。

こうした認識を基に、地域農業再生戦略、地域生態系回復戦略をより積極的に構想していくとすれば、既存の散在する有機農業圃場を、それぞれ戦略拠点として位置づけ、里地里山も含めて、それらを相互に連携するネットワークとして結び合わせ、地域生態系形成を図っていくという構図が見えてくる。有機農業圃場は団地化されるだけでなく、地域的ネットワークの中に積極的に位置づけられるべきだという考え方である。

3　有機農業技術展開の基本原則

上述のことの繰り返しにもなるが、有機農業技術展開の基本原則を箇条書きにすればおおよそ次の

15か条に整理できる。

まず、有機農業において基本的前提となる事項としては、農薬や化学肥料、遺伝子組み換え技術を使わないという三点が挙げられる。さらに成熟した有機農業に向かう取り組みにおいて共通して確認できる方向性として以下の諸点が挙げられる。
①工業製品などの外部からの投入資材にはできるだけ依存しない。農場や農場周辺の自然や社会の範囲内での資材活用、できれば循環的活用を志向する。
②農業の基本を総合的な土づくり、すなわち圃場の安定的でかつ生産的にも活力ある生態系形成におく。圃場の生態系はできるだけ壊さず、時間をかけて育てていくことをめざす。生態系は基本的には生態系自体の運動と力によって自己形成されていくという認識を基本とし、人為の役割を生態系の自己形成を助け、適切に誘導していくことにおく。作物栽培自体も生態系形成にできるだけ資するように組み立てていく。
③そのためにも適切な低投入、土壌―作物栄養論的には適切な低栄養を基本としていく。施肥だけに頼ることをせず、施肥においても土づくりを主眼として、それへの循環促進的な補助剤としての位置づけをしていく。堆肥づくりとその施用では、里地里山資源の活用、イネ・ムギなどの禾本科のワラの活用、などを重視し、土に有機物を還元し、豊かな微生物共生系の育成を主眼とする技術として位置づけていく。
④作物の生理生態的特質を適切に把握しつつ、作物のもつ本来の性質を活かし、作物の生命力を引

き出していくことを栽培技術の基本におく。そのためには、低投入、低栄養は基本的な条件となっていく。一般論としては、根の張りの良い作物生育、疎植によるゆとりある生育環境の確保が重要な意味をもつ。作物の生育においては、セルロース生産（体の骨格づくり）、タンパク生産（体の中身づくり）、デンプン生産（エネルギーの蓄積）が生育ステージに応じてバランスのとれた展開をしていくことに留意する。

⑤病虫害対策は、健康な作物生育の確保、安定した圃場生態系の確保によって病虫害多発の原因を除去することを基本におき、ある程度の発生があったとしても、圃場における天敵や作物自体の治癒力に依存して問題解決を図る。また、病虫害の発生等を単年度の事象として捉えず、長期的な安定生態系形成の視点で見ていく。

⑥雑草対策については、現状ではまだ多くの問題を残しているが、雑草の生育力は圃場の生物的活力を示すものと理解し、雑草生育自体を敵視しない。雑草は多種の野生植物の群集であり、そのあり方は生態的な変化のなかにあることを適切に認識していくことが必要だろう。その上で、雑草と作物との競合を回避し、作物生産と雑草生態がともにより良い圃場生態系を形成していくような技術方策の構築をめざす。

⑦圃場および圃場周辺の生きものの多様性に配慮し、生物多様性の保全に支えられた安定した生態系とその活力によって農業生産が安定的に展開していくという方向性のある技術方策の構築をめざす。そのためにも敷きワラなどによる土壌被覆を重視する。

⑧日本はすばらしい四季の変化がある国で、一年生の農作物はその四季の変化にさまざまに適応しながら生育の型をつくっている。農の営みでは、季節の変化の予兆を的確に把握し、それに適応しようとする作物の生育の動きを捉えそれを適切に誘導していくことが重要である。

⑨作物栽培にあたっては、地域の自然条件、気候条件、伝統的な農耕体系、品種の選択、生産物をおいしく食べる消費者の食のあり方、生産における危険分散等々を多面的に配慮した、その土地に馴染んだ作型の確立を重視する。そのような作型とその経営的組み合わせこそ総合的な農業技術の結晶であると考える。

⑩農業経営のあり方としては、穀物、マメ類、イモ類などを基軸とした複合経営を基本とし、それをより能動的に組み立て、展開していくためにも畜産の包摂、飼料自給型の畜産との適切な連携、すなわち有畜複合農業の構築をめざすことが必要である。

⑪種採り、育種については、農家自身がこの領域の技術を自らの技術として獲得していくことの意義を重視する。これは農がいのちの営みであることを農業者自身がしっかりと捉えていくうえでたいへん重要な課題である。また、品種改良については、単なる生産性や耐病性、あるいはその他の優良形質の導入ということだけでなく、有機農業でつくりやすい品種、根の張りの良い品種の作出、さらには伝統的な文化価値としての在来品種の適切な保全などにも配慮していくことが必要である。

⑫有機農業は豊かな食と結びつくなかで発展、充実していく。有機農業と結びつく食は全体食を志向しており、いのちの産物としての農産物はできるだけその全てをおいしく食べていくことを望みた

い。食も農も四季の変化のなかでそのあり方を変えていく。有機農業はそのような食のあり方とそれに則した食の技術の高まりと共に展開していくことが望ましい。

⑬有機農業において労働の意味はたいへん大きい。人は農作業（労働）をとおして作物、土、自然と交流していく。農作業は農業者の感性を育て、作物や田畑を丁寧に観察していくプロセスでもある。有機農業においては、労働を単なる負担やコストとは捉えず、そこに積極的な意義をおいている。有機農業においては農作業が喜びと発見と充実のプロセスとして編成され運営されることを願っている。したがって有機農業においては近代農業のような単なる省力技術は追求されない。もちろん多労であることだけに意義をおくものではないが。

⑭農業は本来個々の圃場や経営だけで完結するものではない。とくに日本の場合は、零細分散錯圃制という地域農業体制の下にあり、農業の地域的な展開の意味がたいへん大きい。また、有機農業が依拠する生態系は原理的にも地域生態系として存在している。有機農業圃場自体が地域の農業生態系の一部を構成していると考えるべきだろう。さらに、生物多様性の視点から重要視されている里地里山の保全にとっては、そこでの適切な資源利用と結びつけることが重要であることも明らかにされている。有機農業における里地里山に依存した資源利用はその意味からもたいへん重要な意味をもっている。こうした取り組みを地域的に広げながら、地域の自然、地域の林野とも適切に結び合った地域農法の形成と確立をめざしたい。

⑮有機農業は、その時の生産だけでなく、５年後10年後、そして１００年後の農の豊かな展開を

願って取り組まれている。その取り組みは、過去の数十年、数百年にわたる農人たちの暮らしとしての農の営みを継承したいと考えている。その意味で有機農業は広義の文化形成の活動であるとも言える。したがって有機農業の評価にあたっては、こうした長期の視点、世代をつなぐ農の継承という視点、さらには文化形成の視点も欠かすことはできない。

4　有機農業技術の特質

以上述べた有機農業の技術論の特質は、別言すれば、投入―産出の生産関数的技術論からの脱却と、土＝作物＝人の関係を自然共生的に組み立てる取り組みにあるということになる。そこでは

①田畑と作物・家畜は自立的に生きている
②田畑と作物・家畜は共生的に生きている
③農業技術（人の労働）は田畑と作物・家畜への働きかけであり
④そこに新しいいのちの世界を拓くことがめざされる

の4点が基本認識におかれている。人間労働の総和が生産成果として現れるのではなく、生産成果は田畑と作物・家畜の、そしてその土地の自然を踏まえた、そこに人の手も加わって、自立的で共生的ないのちの営みの世界の結果として現れると認識されている。そこでは人間労働や資本の投下などの直接的効果を求める1＋1＝2ではない自然共生的な豊かな世界が現実に拓かれてきている。これら

の点が工業技術と農業技術の根本的違いとして認識されてくるのである。

また、現実の取り組みはまだ端緒的な段階ではあるが、今後の展開方向として、これからの有機農業は地域の自然と結び合うという指向性も確認できる。そこでは

①気候条件・地形条件・林野等の生態条件
②季節の移ろいへの適合
③流域・地形連鎖という捉え方
④地域の生態型という捉え方（照葉樹林・ブナ林等）
⑤生きもののネットワークと生きものの生命連鎖
⑥生態系の恵みを農業資材の利用に生かす
⑦生態系の保全管理・生きものの多様性

などが意識され、自然（風土）と農業の連関の多面的な追求のなかで新しい農と自然を創るという方向がめざされている。

こうした有機農業展開の目標、あるいは方向性は、地域の広がりの中での循環型農業の形成、あるいは再建にある。有機農業の技術論的基礎にある生態系形成は地域的循環構造の構築のなかでこそ安定的に実現されるものである。地域循環型農業においては、地域農業の品目的配置、地域の土地の配置と連携などが大きな意味をもってくる。禾本科、マメ科、イモ類などのいわゆる地力形成型作物と野菜類などの地力消耗型作物の年間をとおしたバランスのとれた配置、資源循環を促進させる飼料自

給型の畜産の導入、地力形成的な外圃と地力消費的な内圃の適切な配置、里地里山と農地の適切な配置と連携、生態系形成拠点としての藪地の配置等々のことが計画論的に改めて位置づけられてくる。この段階に至れば、営農活動の集積のなかで地域は複合的な循環的生態系が生きていく場として認識されるようになり、地域を流域として捉えた流域農業論の構築も現実的な課題となっていくだろう。

繰り返し述べてきたように、長い時代の歩みの中で、農業は地域の自然に支えられ、地域の自然条件を活かした個性ある地域農業が形成され、また、そうした地域農業が展開するなかで、農業と共生する安定感と活力のある地域の自然（二次的自然＝農村的自然）が形成されてきた。有機農業にはこうした地域の農業の自然共生的な本来のあり方を取り戻していく取り組みにおいて主導的な役割を期待されている。

有機農業についての一般的な社会的了解は「無化学肥料、無農薬農業」、すなわち合成化学物質を使用しない農業ということになっている。しかし、それは有機農業の入り口についての部分的な認識にすぎず、その先には、外部資材等の投入削減が、圃場生態系の形成や地域自然との良好な関係性形成を促し、自然共生の線上に本来的な生産力形成が図られるという展望が設定されているのである。

補節　リービヒ物質循環論の理論的欠陥と有機農業

本書で提起した有機農業の技術論の内容理解のためには、近代農業の誕生とそれを支えるべく構築された近代農学のスタート時点の事情を知っておくことは有益なことと思われる。私がこの問題を考え始めたのは１９８０年代の後半期頃だった。当時農水省北海道農業試験場次長をされていた吉田武彦氏がリービヒの主著の抄訳をされ、それが『北海道農業試験場研究資料』に掲載され、吉田氏の教えを受けながらそれを詳しく読んだことが始まりだった(2)。その時に得た認識を１９８８年10月29日に茨城県北浦村で開催された第14回畜産経営問題研究会で報告した。解りにくい文章であり、また本書本文と重複するところもあるが、私の技術論研究の一つの画期ともなった報告なので、補注として以下に再録しておきたい。

リービヒは、農業（作物）生産の技術過程を化学的物質移転の過程と捉え、それは化学の論理のみによって隙間なく説明できると考えた。彼はそれを炭素、窒素、ミネラルに大別して見事に解明した。彼は炭素と窒素は大気性の栄養物質、ミネラルは土壌中の栄養物質と位置づけ、大気性の栄養物質については自然循環系が確立しているので補給は不要、土壌性栄養は作物の吸収分が土壌に補給されなければ系は破綻すると考えた。彼の時代は、産業革命で都市が急激に拡大した時代であり、大量の農産物が都市に出荷されるようになっていた。また都市では水洗便所が普及し人間の糞尿は耕地に還元されることなく海へ流出していた。そこでリービヒは永続的農業のためには人造肥料によってミネラルを補給することで物質循環を回復しなければならないと論じた。

リービヒは伝統農学（農業重学）から循環論（均衡論）を継承しつつ、それを無機還元説と肥料外給説の上に立てることによって、腐植（フムス）説と地力論を二本柱とする伝統農学（農業重学）の破綻を理論的にも実証的にも証明でき、農業重学的呪縛から逃れ得ると考えた。

しかし実はリービヒ理論は外ならぬ腐植（フムス）説、地力論批判において基本的欠陥を抱えていた。彼はその点にある程度気づいていたようであり、欠陥の克服に苦悩し続けたが成功せぬまま、1873年に70歳でこの世を去った。

近代農学は基本的パラダイムをリービヒに依りつつ発展してきた。そのためリービヒの欠陥も同時に引き継ぐことになってしまったが、そのことについての自覚はリービヒほどにも明確ではなかった。

リービヒは炭素循環の鍵が光合成にあること、植物の栄養素は無機態で吸収されることを示して、腐植＝有機物からの直接的炭素吸収説・有機栄養説（フムス説）を覆した。しかしここで彼は、腐食問題に含まれていたもう一つの問題、いわゆる微生物的、生命連鎖的問題（土は生きている！）を見落としてしまった。

パストゥールが発酵は微生物によることを証明したのは1857年であり、この点でのリービヒの欠陥自体は時代的限界というべきだろう。しかし理論としてはそれではすまない。大地―植物―動物―大地の系を単なる化学的物質循環系（無機還元説）と捉えたリービヒの理論は、少なくともパストゥール以降の時代には基本的修正が、すなわち大地―植物―微生物―動物―微生物―大地という生命循環系としての把握とそこへの化学物質循環系の包摂といった方向への基本的修正が施されなければならなかった。

リービヒ自身は１８６２年に主著『化学の農業及び生理学への応用』（初版１８４０年）の第２部（そこで彼は有機物の分解、腐朽、腐敗の過程を単なる化学的過程と捉えていた）を全面削除して第７版を出版したが、理論体系の基本的修正には至らなかった。したがって理論修正の課題はリービヒの衣鉢を継いだ近代農学に残されたはずであったが、近代農学においては基本的理論問題としてこの課題が意識されることはほとんどなかったようである。

なお関連して窒素肥料の有効性をめぐるローズ、ギルバートらとの論争について触れておこう。この論争は窒素肥料の有効性を否定したリービヒ側の誤りとして歴史的決着がついたとされてきた。しかし、この論争のもう一つの側面は、窒素は大気性栄養物質だとする説にあくまでもこだわり続けるリービヒとリービヒの理論的枠組みを全く理解できなかったローズらの対比にあった。窒素大気栄養説はその後根粒菌等による空中窒素固定の発見によって、リービヒ的次元ではなくパストゥール的次元で完成されてゆくわけだが、それ以前の時代にリービヒ的次元から大気栄養説にぎりぎりまでこだわり続けたリービヒの鋭さにこそ注目すべきだろう。

チューネンは農業重学の核心を

Ｅ（土地の収穫力）＝Ｔ・Ｑ・Ｈ・Ｋ　地力＝Ｔ・Ｑ　肥力＝Ｑ・Ｈ

Ｔ：土壌の顕効度　Ｑ：土質　Ｈ：施肥（有機物施用）　Ｋ：耕作要因

と定式化した（１８２６年）。

それに対して、リービヒは農耕にかかわる物質循環フローのモデルを本章２の図４－１に示したように整理した。それを踏まえてリービヒはＨを有機物施用からミネラル補給（m'）に置き換え、ＥはＨによって一元的に把握されるとして地力論（農業重学）を否定した。リービヒは物質循環モデルの「人造肥料による循環回復モデル」から必要施肥量はｍ＝m'によって定量的に確定できると考えた。これが地力論を否定した後の彼の施肥理論であった。

この施肥理論は主著改訂第７版以降の「第２部農耕の自然法則」で詳細に展開されるが、その中で実は必要施肥量m'が定量的には確定できないことに気づき、この難問の解決に苦悩する。すなわち測定してみるとＭはｍよりも圧倒的に大きく、またＭの値の多少はＥ（収穫力）の多少と直接的には結びつかない例が多いという事実に直面したのである。彼は苦悩の末、地力論に戻るのではなく、「最小養分律」を提起して主著改訂を締めくくった。しかし、これは循環論的視角の放棄であった。

「最小養分律」は近代農学でも基本テーゼの一つとして継承評価されているが、内容的にはきわめて不明確なものである。少なくともリービヒの即物的ロジックには不似合いな説であり、リービヒにとってこれは理論的成功ではなく、理論的行き詰まりの象徴、苦肉の策と評価すべきものであった。

シリーズ

地域の再生 全21巻

1 ● 地元学からの出発
——この土地を生きた人びとの声に耳を傾ける
結城登美雄

2 ● 共同体の基礎理論
——自然と人間の基層から
内山 節

3 ● グローバリズムの終焉
——自治と自給と地域主権
関 曠野・藤澤雄一郎

4 ● 食料主権のグランドデザイン
——自由貿易に抗する日本と世界の新たな潮流
村田武・山本博史・早川治・松原豊彦・真嶋良孝・久野秀二・加藤好一

5 ● 地域農業の担い手群像

12 ● 場の教育
——「土地に根ざす学び」の水脈
岩崎正弥・高野孝子

13 ● コミュニティ・エネルギー
——歴史に学び、現代に生かす
室田武・倉阪秀史・小林久・島谷幸宏・三浦秀一・高野雅夫・諸富徹著

14 ● 農村の福祉力
——福祉の原点をこころみる
池上甲一

15 ● 雇用と地域を創る直売所
——人間復興の地域経済学
加藤光一

16 ● 水田活用新時代

——漁村活性化に向けた地域の挑戦

彼が戻るべき地点はむしろ地力論にあり、それを含んだ物質循環論への理論の基本的修正にあるべきだったのではないか。

元来、地力論は「人造肥料による循環回復モデル」的な論理が単純には成立しないという農耕的現実を出発根拠とするものであった。

「人造肥料による循環回復モデル」の欠陥は個別的農耕を自然の大循環の一環として直線的かつ一元的に捉え、それをきわめて緊張したタイトな系と考えた点にあった。しかし、個別的農耕はむしろ自然の小循環、重層的で生命連鎖的な小循環の一環として把握されるべきものである。自然の小循環は生命連鎖を基本的契機とし、重層構造をなし、自然大循環の重要な部分を構成している。数値的にみれば大循環は小循環に比べはるかに大きく、小循環の数値的センスからすれば相当にルーズな系である。

$m' \fallingdotseq m$という認識からは、農業的に意味のある施肥理論を直接的に導くことはできないという事実は、土壌の無機成分の吸着・保持・放出等を含む動態構造的問題だけでなく、このような循環論の基本問題にも深くかかわっている。外給施肥の意味は単に物質収支の面からだけでなく、重層的・生命連鎖的小循環との関連でも慎重に評価されなければならず、単純な肥料外給説は理論的にも成立しないのである。

生命連鎖的な自然小循環はどこにでも同じように成立しているわけではなく、例えば沙漠的環境ではその存在はきわめて限定的であろうし、湿潤熱帯と湿潤温帯とでも当然その様相は異なるだろう。

要するに生命連鎖的自然小循環には、存否、類型、規模、活性等の問題があるということである。

農耕とは、農地という半自然の環境下で、重層的・生命連鎖的自然小循環をうまく成立させ、その安定的活性を高めるなかで、作物の主体性を発揮させようとする人為の体系である。地力論は小循環の活性程度を農地（土壌）に即して把握しようとする試みであった。地力の衰えとは単に物質収支の赤字問題ではなく、より本質的には小循環活性の衰えと認識すべきなのである。

生命連鎖的自然小循環という視角をもてなかったリービヒは、大地を単なる化学栄養物質の一元的ストックと考えて、伝統的地力論が着目していた問題領域を見失ってしまった。

地力論は近代農学でも未解明な解りにくい問題として残されているが、それは化学物質循環主義というリービヒ的限界への自覚が希薄で、重層的・生命連鎖的自然小循環という面から地力論領域の問題を摑み直すという視角が欠けてきたことにも起因しているのではないかと思われる。端的に言えば「土は生きている」という場面で地力論を組み立て直すことが求められているのである。

近代農学、さらには現代農学が暗黙のうちに追求してきた路線は農業の工業化であった。その意味でリービヒパラダイム（無機還元説と肥料外給説の上に立った循環論）の欠陥、限界は、近代以降の農学にとって克服、止揚の課題ではなく、強行突破の課題とされてきたとも考えられる。換言すれば、リービヒの循環論を踏まえつつ、その上に生命連鎖的小循環という視角を再獲得しようとするのではなく、生命連鎖的小循環という枠から、さらには循環論的枠から、農耕を解き放つことに現代農学の基本的モチーフが置かれてきたとも言える。近代農学はリービヒパラダイムに依存しているかに見えても、実のところ継承したのは無機還元説と肥料外給説だけで、総括的核心をなす循環論部分はほとんど継承されなかったということだろう。

それに対して有機農業の技術論の核心は重層的・生命連鎖的自然小循環を農耕の場で安定的かつ活性高く成立させることを意識的に追求するところにある。農薬や化学肥料は重層的・生命連鎖的自然小循環と敵対的あるいは対抗的関係にあると認識し、その排除を技術論の前提としている。それは現代農学の対極に立つものであり、リービヒパラダイムの限界を止揚し、農業重学を今日的に再生させようとするものとも言うことができる。例えば有機農業の始祖といわれるハワードはリービヒの業績の歴史的意義を正当に評価した人でもあった(3)。

ここで重層的・生命連鎖的自然小循環という場合、土壌微生物がクローズアップされるが、ミミズ等の土壌小動物類の問題もとくに「重層的」「連鎖的」に関わって重要である。以上の論述における「微生物」にはこれら小動物も含むものと了解されたい。また「連鎖」には共生、寄生等の関係性も含意されている。これまでの有機農業論は農耕における重層的・生命連鎖的自然小循環の問題に主にリービヒ的側面から接近してきた。しかし、農耕におけるもう一つの主役は作物それ自体であり、作物相互間の問題、作物と雑草、作物と虫類等との関係、そしてそれらをつなぐ微生物共生のあり方なども重要な問題領域である。生命連鎖的小循環の問題をこれらダーウィン的側面、あるいはパストゥール的側面からも詰めることが有機農業の技術論研究の次の課題となっている。

注

（1）テーア・A著・相川哲夫訳『合理的農業の原理』（全3巻）農文協、2008年

（2）リービヒ・J著・吉田武彦訳「化学の農業及び生理学への応用」（第9版部分訳）『北海道農業試験場研究資料』第30号、1986年

吉田武彦氏はその後、翻訳作業をさらに進められ、上記のリービヒの主著のほぼ全訳を詳しい解題を付して刊行されている（そこには部分訳と記されているが内容としてはほぼ全訳である）。

リービヒ著・吉田武彦［訳・解題］『化学の農業および生理学への応用』北海道大学出版会、2007年

私は、吉田氏の翻訳に支えられて、リービヒの技術論について本補節に再録した報告をまとめたのだが、その後、それを発展させて次の論考を公表した。

中島紀一「世紀的転形期における農法の解体・独占・再生」日本農業経済学会編『農業経済研究』第72巻第2号、2000年

（3）ハワード・A著・横井利直・江川友治・蜷木翠・松崎敏英共訳『ハワードの有機農業』（上下）農文協、2002年

第5章　農業技術と農法の一般理論

以上、第4章では有機農業と有機農業技術の骨格について概説した。繰り返し述べたように、こうした有機農業理解の基礎には農業と農業技術、そして農法についての一般理論が踏まえられている。「農業とは何か」「農法とは何か」「農業技術の特質とは何か」といった問いは、かつては盛んに発せられ多くの議論が重ねられてきたが、現在では農学の世界でさえほとんど語られなくなってしまっている。農学は個別的な農業技術やそれを支える基礎理論の単なる集積となってしまい、それを束ねる全体理論、総合理論はほとんど語られなくなってしまっている。実に残念な事態である。そこで本章では、有機農業とその技術論の基礎として、農業技術と農法の一般理論について、やや解説的になってしまうが概論したい。

1　農耕の土地と非農耕の土地

農耕の発見とその深化、普及は人類史の普遍的画期であったが、地球上のどこでも農耕が展開したかと言えば、それはそうではない。農耕の地域は、地球史的プロセスにおいて土壌形成が十分になされた地域に限定されており、土壌形成が弱く農耕に適さないため、農耕以外の生業形態が発見され、展開してきた地域も広く存在している。

農耕に適するほどの土壌形成がされてきた地域は、地球生態史的には森林形成がなされた地域と重なると考えられる。地球生態史において草原形成が主であった地域にも豊かな土壌形成がされた地域もあり、そうした地域でも農耕の展開はあった。しかし、草原地域の多くは準乾燥地域であり、草原の生態的被覆を剥いで、裸地の農地にした場合の生態的不安定性は著しく（象徴的には塩類集積を含む土壌劣化）、歴史的に見た農耕の失敗はこうした地域に集中的に現れているのも明らかな事実であった。

土壌形成が十分ではないが、土地に則した人々の暮らしが営まれてきた地域における生業形態として代表的なものが遊牧であった。遊牧は、きわめて薄く不安定な土壌層の存在を前提として、多年生草本の草原と反芻家畜の移動飼育を組み合わせたものである。それは準乾燥の草原地域という条件の下で、豊かで安定した衣食住を確保し続けていく生業形態としてたいへん優れたあり方であり、長い人類史において、農耕と並んで、広域において長い歴史的展開がなし遂げられてきた。農耕と遊牧を生態学的生業形態論として端的に整理すれば、農耕は「豊かな土壌形成を前提として耕し種を播く文化」であり、遊牧は「わずかな土壌形成を前提に、土壌保全を最上位の価値観とし耕さず種を播かない文化」と言うことができる。

近年、沙漠化の広がりが大きな問題となっている。それぞれの事例にはそれぞれの事情があり、砂漠化拡大の理由を一概に断定することはできないが、多くの場合、準乾燥地域への農耕の拡大に起因するように思われる。耕してはいけない地域で無配慮に耕し、土壌を壊してしまっているのである。それは多くの場合、農耕民族の侵出によるもので、そこには遊牧文化への深刻な不理解があることは指摘しておきたい。

現代社会において、農の復権とともに遊牧などの非農耕的生業の意義を解明し、その復権を強調していくことは重要な課題だと考えられる。

2　農業技術の三つの主体的契機

(1) 土地

さて、上述のような豊かな土壌形成のなされた土地において人類史的な普遍的な営みとされてきた農業を技術的視点から考察すれば、そこには三つの主体的契機を見いだすことができる。すなわち「土地」「作物・家畜」「労働」の三つである。

「土地」は別言すれば地域の自然であり、農業にとって「土地」は、とりあえずは与えられた自然として、いわば与件として存在する。いま、グローバリズムと競争原理の席巻のなかで「強い農業」が叫ばれ、農業には地域を越えた能動性が強く求められているが、農業はそもそもそうしたものではなく、人びとが暮らすようになったそれぞれの土地という与件の上で営まれる受動的なものとして形成されてきたという事実、そしてその受動性の巧みで多様性のあるあり方という点にこそ農業のすばらしさがあるということは、改めて強く認識されるべきだろう。

そうした与件としての「土地」には、「気候としての土地」と「土壌としての土地」の2要素が含まれている。

「気候としての土地」はとりあえず動かしがたい自然であるが、「気候」と「農業」との関連はきわめて多面的であり、決して条件決定論的領域ではない。動かしがたい「気候」の条件の下で、地域におけるその特質を巧みに活かすところにそれぞれの地域における農業形成の個性的な歩みがあった。おおまかにみれば乾燥地帯には畑作が、湿潤地帯には水田作が、熱帯樹林地帯には立体的混作などの農耕様式が巧みに編み出されてきた。

農業にとっての「気候」は気温条件、降水条件、日照条件、風の条件などが重要な意味をもつが、日本においては何よりも四季の変化が重要である。一年生の植物の栽培を基本とする農業では、四季の変化それぞれに適応したさまざまな作物の生育があり、季節の移ろいに合わせた一年をとおした農耕の体系が組み立てられてきた。そこでは四季はさらに細かく二十四の節気として認識されており、二十四節気は各地域の条件に読み替えられ、そこに季節の予兆を読み取り、早すぎず、遅すぎずに、適期に種をおろし、作物を育て、収穫し、季節に合わせた食生活が作られてきた。それが各地の多彩な農事暦として定着していった。

「土壌としての土地」も与えられた自然条件ではあるが、同時にある程度の改良が可能な自然でもあった。土地は、農業の取り組みの中で、人の手が加えられた「農地＝農業的土地」に変えられていく。自然地の農業的土地、すなわち農地への改変は、一般には「開墾」「土地改良」として積極的な改良として語られることが多い。しかし、農業の基盤である土壌形成の基には森林形成があり、農業的土地利用においては森林を伐採して拓かれた農地が出発点となるのだから、大局的に見れば、農地への改変は自然地の豊かさの収奪と喪失の過程とみるべきで、いわゆる「土づくり」は、土壌劣化の防止、あるいは抑制の手だてと考えるべきものである。農業はここに厳しい自己認識を置くべきだと思われる。

農耕における土壌の本源的意味については、第6章で詳論するが、そこでは「ある程度分割できる自然」だという点、「ある程度の人為的改良が可能な肥沃度のある自然」だという点、「多様な方向での利用が可能な自然」だという点などが重要な特質と論点となっていく。

「ある程度分割できる自然」と「ある程度の人為的改良が可能な肥沃度のある自然」という「土壌

としての土地」の特質は、任意な線引きと独占的利用と占有を作り出し、それは土地所有という社会制度となっていった。

また、「ある程度の人為的改良が可能な肥沃度のある自然」という特質は、商品生産的生産力形成と結び合って地代論的世界を形成していく。

長い農耕の歴史の中では、土壌肥沃度の追求と保全は、自然的制約のなかで進められ、近代農業の始まりの時期には、第4章で述べたように、地力均衡が原則とされ、収穫逓減の法則は動かし難い前提とされていた。しかし、工業生産力の展開と、その農業への導入利用を中心テーマとした近代農学の深化のなかで、「土壌肥沃度の追求と保全」というかつての課題は「人工的な肥沃度の追求」へと単純化されていってしまった。近代農業は、科学に支えられた合理的農業であったはずのものが、結局のところ土地の豊かさを活かすことができず、取り返しのつかないほどの土壌劣化を招く不合理な農業体制を作り出してしまっている。

こうしたなかで「土壌としての土地」にどのように豊かな自然を回復していくのかが、今日の農業技術論における中心的課題となってきている。

(2) 作物・家畜

次に農耕の第二の主体的契機である「作物・家畜」についてその概略を確認しておこう。

「作物・家畜」は言うまでもなく野生種から馴致され、系統分離され、ある程度固定された、半自然の生きもの群である。その基本には野生種の特質が継承されており、野生種との遺伝的交流には重要な意味がある。したがって、「作物・家畜」の問題を論じるためには野生種との連続性の視点、すなわち今日的に言えば生物多様性的視点を失ってはならない。

生物多様性は、生態系の多様性、種の多様性、種内の遺伝子的多様性の３領域から構成されるとされている。農耕文化における「作物・家畜」の創出と展開は、種内の遺伝子的多様性の保全に深く関係している。

「作物・家畜」の創出は、農耕文化成立の中心内容の一つであり、その出現形態こそ「品種」にほかならない。「作物・家畜」がなければ農耕文化はないことは自明であるが、その認識を一歩進めれば、「品種」がなければ農耕文化はないということになる。農耕文化の成立、展開において「品種」の作出は枝葉の問題ではない。

「品種」は種内に人が関与して選抜され、作り出されたバラエティである。そこでは、新しい地の栽培に対応する「環境適応」、農耕的にかかわる「農耕適応」、多彩な食需要等に対応する「利用適応」の３要素が働いており、バラエティは地域的に多彩に展開し、かつ生み出された品種は相当に固定的であるから、その展開自体が、生物多様性の特色ある豊かさを作り出してきた。その意味で、自給的暮らしと結びついた多種の栽培作物の作出と多様な地方品種の展開がもつ意義は大きい。

「作物」と「家畜」を分けて考えれば、言うまでもないことだが、農耕文化の中心は「作物」であり、遊牧文化の中心は「家畜」である。農耕文化において「家畜」は主として耕種との関係性において展開してきた。「家畜」の機能には「糞畜」「役畜」「用畜」の3類型があるが、そのいずれの類型においても「家畜」を内包することで耕種農業は、ダイナミズムと安定性を獲得することができる。「家畜」はエサと糞尿の二つを重要な契機として「土地」や「作物」との能動的な関係性をつくり出していく。

「作物・家畜」は、栽培、飼育される農耕地と結びつき、地域に農耕的生態系をつくり出し、農耕という人為とつながって、地域の自然と関係し、農耕のまわりに新しい地域生態系、すなわち農村的自然を創り出していく。

筆者は以前に、戦後日本の水稲の北進過程を、亜熱帯原産作物の水稲の寒冷地への適応過程としても捉えられると述べたことがあるが、水田農業が東北の隅々まで広がり、田んぼの風景が周辺の里山とよく馴染んでいる様子を見て、農耕が拓く地域自然というあり方を強く実感している。(1)

(3) 労働

続いて農耕の第三の主体的契機である「労働」という人為の意味について考えてみよう。

言うまでもなく農業は人々の営みであるから、そこでの人間労働が主体的かつ主導的であることは明らかではある。しかし、農業は人為だけの世界ではなく、自然との共生実現を前提とした営みだという農業の本質論を踏まえて、そこでの「労働」にはどのような特質があるかを考察することがここでの検討課題となる。

ほぼ人為の世界として完結している工業においては、生産過程の三要素とされる労働対象、労働手段、労働は、相互に関連しつつ、それは最終的には労働の生産力として把握され、総括されていく。自然は資源として、いわば客体として、その過程に投入される。それは基本的には資源収奪―大量生産―大量消費―大量廃棄というワンウェイシステムとして運営され、自然共生や循環は配慮されず、産業の発展は必然的に深刻な環境負荷をつくり出すという構造の中に陥っている。

しかし、農業とそこでの労働の場合はそうはならない。農業においては自然自体の生産力の意義はきわめて大きい。自然の生産力は本来的に循環と共生の生産力である。したがって、農業の生産力は、本来は、単に労働の生産力として把握、総括されるのではなく、人為と自然が相互に連関するなかで、短期的成果だけではなく、長期的持続性の側面も含めてつくり出される共生的な生産力として把握されていかなければならない。

だが、近代農業の生産力構想においては、農業の本質論を踏まえた、こうした特質についての配慮が著しく欠けていた。工業生産力の農業への導入によって、短期的生産力が向上することに眼を奪われ、農業における自然の生産力の意義に十分な注意を払わず、長期的な持続性についてはほとんど配慮すらもせず、農業の工業化が短兵急に追求されてきた。

その今日的な到達点は、例えば植物工場であり、遺伝子組み換え作物となっている。そこには自然の生産力を基礎として、そこに人為が共生的に関与していくという農業技術の本来的あり方はすでにほぼ完全に見失われてしまっている。そうしたなかで、第７章で詳論するが、農業近代化の時代と政策の下で、農業は工業に包摂された川下産業として再編され、環境負荷産業として地球温暖化に荷担し、生物多様性の喪失の先兵となってしまっている。

そしていま、このような農業の工業化への流れを反転させ、改めて農業を自然共生の営みとして再構成していくことが時代的課題となっているのである。とすれば農業生産における労働の意味とあり方について、改めて自然共生という方向性の中で考察し直していくことは不可欠の課題とすべきだろう。

農業技術における人為優先を追求してきた農業近代化政策においては、「土地」「作物・家畜」「労働」の3要素に関して、「労働」、すなわち人為の意義がとくに重視され、自然から離脱する農業推進の先導的役割が、化学肥料や農薬、改良品種、改良農地、そして農業機械などを駆使する「労働」に期待されてきた。

しかし、これからは「土地」「作物・家畜」の自然性を高め、それぞれの主体性を引き出し、それを生態的に連関させ、循環させていくような、観察者、補助者、調整者、演出者としての役割を果たす「労働」のあり方が重要になっていく。自然の運行と摂理を感じとり、土地と作物・家畜の生態的連関を理解し、その萌芽を感じとり、それを組み合わせ、短期と長期の視点からそれを運営していくような労働のあり方がこれからは重要性を増すだろう。そうした「労働」のあり方を改めて獲得していくためには、工業的諸技術の連鎖から逃れ出し、人としての本能的能力や感性を取り戻していく努力、例えば手仕事の再評価等も不可欠のものとなるだろう。

郵便はがき

料金受取人払郵便

赤坂支店承認

1319

差出有効期間
平成25年10月
31日まで
（切手不要）

1078780

222

東京都港区
赤坂支店
私書箱第十五号

農文協
「地域の再生」
編集部
行

◎ご購読ありがとうございました。このカードは当会の今後の刊行計画及び、新刊等の案内に役だたせていただきたいと思います。

●これまで読者カードを出したことが　ある（　　）・ない（　　）

ご購入書店名：　　　　ご購入年月日　　年　　月　　日

ご住所　（〒　　－　　）	
お名前　男・女　歳	
TEL：	E-mail：
ご職業　公務員・会社員・自営業・自由業・主婦・農漁業・教職員（大学・短大・高校・中学・小学・他）研究生・学生・団体職員・その他（　　）	
お勤め先・学校名	所属部・担当科
ご購入の新聞・雑誌名	加入研究団体名

ST11.11

地域の再生　全21巻

お買い求めの巻に　1　2　3　4　5　6　7　8　9　10
○印をお付け下さい　11　12　13　14　15　16　17　18　19　20　21

本書についてご感想など

今後の出版物についてのご希望など

この本をお求めの動機	広告を見て（紙・誌名）	書店で見て	書評を見て（紙・誌名）	出版ダイジェストを見て	知人・先生のすすめで	図書館で見て	NCLの目録で

◇購読申込み書◇　郵送ご希望の場合、後払いで送料400円負担願います。

● 地域の再生　各巻定価 2,730円（税込）

全巻予約注文　揃定価 57,330円（税込）　＿＿＿＿＿セット

分冊注文（○印を）

（1　2　3　4　5　6　7　8　9　10
11　12　13　14　15　16　17　18　19　20　21）

※この葉書にお書きいただいた個人情報は、ご注文品の配送、確認等の連絡のために使用し、その目的以外での利用はいたしません。

3　農業技術から農法へ

農業技術の体系は個別的、偶発的に成立するものではなく、それは歴史的、社会的、地域的存在として形成されていく。農法という言葉はその具体的あり方を指している。自然共生の農業技術のあり方は、たくさんの個別的な試行錯誤を踏まえつつ、時代と社会と地域における安定した型としての農法として構成され、定着されなければならないのだ。

農法という概念があまり語られなくなって久しいので、農法とは何かについての私見を25年も前の旧稿からであるがここで引用しておきたい。

「社会科学用語としての農法は、農業が本質的にもつ技術的特性に基づいて成立する農業特有の概念である。工業では『農法』に対応するような『工法』なる概念は一般的には成立しない。

人間の生産的活動の技術的類型を自然との位置関係で整理すると、農業は採取的諸作業と工業の中間にあると考えられる。採取的諸生業では人間は自然の物理的、生命的循環（流れ、存在）と全体として対面しつつ、その循環、流れ、存在そのものに少しずつ手を加え、ドライブをかけながら、生産的成果を獲得する。工業の場合も、生産の技術的過程は自然法則にそったものだが、それは自然の体系から切り取られた場で、ほぼ完全に人為の過程として再現される。

農業は両者の中間にあって、母なる自然から耕地、作物、家畜などを、特殊な特化した自然として取り出し（そこに労働を注入、蓄積させ）その半人工的な自然の場で自然の生命的力を活かした生産活動を展開する。フローとしての生産活動は工業と類似した様相をもつこともあるが、ストックとしての耕地、作物、家畜などは発生の母体たる自然の体系から切れることはできず、人の手になるミニ自然を再生産し続けなければならない。その場合とくに、耕地、土壌の生態保全（物質的、生命的）が重要な位置を占める。こうして『農法』は、ややもすると工業的方向に進みがちなフローのベクトルと、自然の生態的バランスを前提とするストックのベクトルの接点に形成される。

資本制的社会での経済活動は、短期的収益性がまず問題となり、工業は技術的特性からしてもこの短期論理とうまくかみ合っていく。採取的生業の場合には生態バランスの長期論理が優先し、短期論理の強調は資源枯渇などの形で直ちに反撃を受ける。農業では短期的収益性の安定した追求もある程度可能だが、それのみの優先は農業の自然生産的性質との本質的齟齬《そご》を生じさせてしまう。農業では技術的にも生産の長期的安定性への独自の配慮が不可欠であり、農法はこうした短期論理と長期論理の接点に形成されると言うこともできる。

その場合狭義の技術問題を考えるだけではすまない。農業は個別経営の勝手で営めるものではなく、土地や家や集落やさらに国家の体制、流通や市場の体制、農業以外の産業の状況、全般的な人知の水準、などもすべて農法形成の前提条件となってゆく。したがって、農法は個別経営レベルを超えた社会的、体制的なものとして初めて成立し得るものである。

このような広がりのなかで両者の論理を満足させ、うまく調整し得るような安定的な技術体系はたやすく創出できるものではない。世界の農業の歩みを見渡しても、このような意味での農法の型はそう多くはないし、それを自らの力で獲得し得た民族や時代はむしろ少ないとさえ考えられる。農法の獲得、確立に失敗したが故に滅んだ文明や民族もある。

さて、農法をこうした存在として位置づけた場合、今日の日本農業の農法的特徴は農法否定の農法にあると言うことができる。日本農業の技術動向は短期収益性の論理を最優先させ、そのことによって起きる長期論理との齟齬を、土地利用については土木的に改変した優等地片だけへの集中で、地力については化学肥料と土壌改良剤で、雑草については除草剤で、病害虫に対しては農薬と抵抗性育種、連作障害へは土壌消毒や水耕方式で、気象、天候変動や作物生育の季節性に対しては重装備施設化の方向で、農民の健康障害には現代医・薬学で、等々の形で工業的生産力を援用することによって押さえ込み、長期論理を無視し得るような農業への変身を理想形的願望として進みつつある。これも一種の農法だとすれば、それは農法否定の農法である。

長期的にみて、こうした農法が成功し得るか否かは議論の分かれるところだが、すでにほころびは至る所に現れており、農業生産の技術的問題としても、農業生産物を食べる人間の自然性の問題としても、広域的な環境の問題としても、文化の問題としても、この方向は破綻せざるを得ないと筆者は考えている。現代は農法危機の時代であり、破綻を回避し農法再生をめざすことは必須の現代的課題だと考えられる(2)」

以上は「農法」についての筆者の理解であるが、「農法」概念については加用信文氏による近代西洋農業史研究を踏まえた左記のような著名な規定がある。(3)

主として生産力＝技術的視点からみた農業の生産様式、換言すれば農業経営様式または農耕方式の発展段階を示す歴史的な範疇概念

加用氏のこの規定は簡潔な卓見であり、私も同意できるものだが、問題は「歴史的範疇概念」の具体的内容をどのように認識するかである。

加用氏は前近代から近代へと進む西洋、典型的にはイギリスにおける農法展開モデルを「三圃式」→「穀草式」→「輪栽式」という3段階として析出し、「輪栽式」では、農場の運営が周辺林地や採草放牧地等の地域自然から自立し、農場内部での農耕的循環によって、地力再生産、雑草抑制、耕畜連携が安定的に進められており、それは近代というにふさわしい農法段階である位置づけた。そして農業がこのような農法の型に移行していくことが近代における農業農法革命にほかならないとした。

だが、こうした加用氏の近代についての発展段階的認識、すなわち近代とは自然的呪縛からの解放の時代だという認識は、今日の視点からすれば克服されるべきものだということは明らかだろう。農業と周辺自然との関係は、農業の周辺自然との関係切断、自然離脱の方向ではなく、より豊かな関係

性の構築へと進むことをめざすべきなのだ。私たちはいま、農業の近代に関しての加用氏のような認識を乗り越えることが求められているのである。

近代という時代における工業と都市が主導してきた自然離脱の流れのなかで、人類社会が地球を破綻的危機へと追いやってしまったいま、農業は改めて地域自然との交流を取り戻し、そのなかで、自然共生の農法として自らを再構成し、人類と地球の危機を救っていく役割を果たさなければならないのである。自然共生の農法においては、周辺自然と農地・農耕との交流と共生、農地・農耕内部での自然性の回復、農業と社会との関係における自給や循環などの自然共生的あり方の回復等の課題が追求され、それが社会的な一般方式として徐々にでも定着し、果たしていくことが課題となっている。

4　自然共生型農業の展開と二次的自然の回復

自然共生の営みとしての農業の長い歴史の歩みの中で、周辺の自然の適切な利用と手入れによって、安定した二次的自然が形成されてきた。暮らしの身近なところにどこにでもあった自然である。しかし、自然離脱の近代農業は、そうした二次的自然を不要なものとし、適切な利用と手入れという二次的自然の成立条件を突き崩し、二次的自然自体を崩壊させてしまってきた。それがいま「里地里山自然」の崩壊、農村生物の広範囲での絶滅など地域における生物多様性の危機を招いてしまっている。

そうした自然離脱の近代農業の流れを反転させ、自然共生型農業の取り組みを広げ、それらが結び合って上述のような論理を獲得しつつ農法として社会的に定着していくときに、地域には安定した二次的自然が改めて再形成されていくものと考えられる。

そこで自然共生型農業と結び合った二次的自然の形成にかかわる政策論の課題と枠組みについてここで整理しておこう。

生態学では、安定した自然のあり方には、人の手が加わらない「原生的自然」と人の手が加わることを基本的な前提として形成される「二次的自然」の二類型があるとされている。「二次的自然」の主なあり方を、農業・農村分野に引きつけて言い直せば「農業・農村的自然」であり、最近の用語で言えば「里地里山自然」ということになる。地域的な、風土的な暮らし方と結びついて、そこでの農業生産様式の展開が、周辺自然との関係性を深め、その周辺にこうした安定した二次的自然を形成し得た時に、その農業生産様式は農法として定着したと認識してよいものと思われる。

このような自然に支えられる農法の存在と展開は、同時に周辺の自然それ自体のあり方を人の手が加わった二次的自然へと変容させ、それを維持し、持続させていく。それは堆肥材料の採取や薪などの採取を目的とした雑木林であり、家畜飼養のための秣場＝採草地であり、草屋根の材料のための萱場であり、水田灌漑水の安定した確保のための水源林保全や溜池の構築、そして水路の開削等々であった。

近代化以前の伝統的農業は、地域での風土的な暮らし方とあいまって、地域自然と長期にわたって多面的に関与しており、その結果地域には安定した自然生態系が形成されてきたのである。伝統的農業は、農業の自然的生産力形成、新しい地域生態系形成、そして自然と人間の安定した関係性の確立という三つの場面で、かなり高次の安定した対自然関係を形成していた。多様性のある「里地里山自然」の中で生物多様性が形成され確保され、生きもの世界が豊かに展開していた。

ところが、地域自然から離脱する農業近代化は、地域自然との関わりを拒絶しようとする農業のあり方であり、同じく地域自然との関わりを拒絶しようとする生活の近代化とあいまって、地域の自然は、人為の適切な関与という下支えが壊され、そこでの生物多様性は瀕死の状況に追い詰められてしまっているのである。

こうした歴史的経緯をしっかりと踏まえ、これからの農業・農村政策が取り組むべきことは、このような農業と地域自然の切断的状況を改善し、農業の側から新しい農村自然を形成していくという方向だと言えるだろう。

5　農業・農村環境政策の枠組み

このような展望の中で農業・農村環境政策のあり方を考えると、環境調和、自然共生に配慮してこなかった近代農業への反省を前提として、環境を汚さない、環境を浄化していく、より良い自然を育てていくという三つのテーマ領域を明確に認識し、それらの相互関連として政策が組み立てられていくという方向性を確立していく必要があると考えられる。その枠組みの概要は次のように整理できる。

①環境を汚さない（負荷削減）

このテーマは農業・農村にかかわる環境負荷削減の課題と言い換えることもできる。

ここには被害者、すなわち環境汚染を被り、環境資源の収奪を受ける農業・農村の存在と、加害者、すなわち環境を汚染し、地域の自然を壊していく農業・農村の存在という二つの問題側面がある。

前者は主として都市や工業、さらにはグローバル化しつつある世界との関係であり、状況を厳しく見つめながら農業・農村が身を守る方策が見つけ出されなければならない。農業・農村を現代社会のゴミ捨て場にさせてはならないという課題であり、これは切迫したものとしていまわれわれの前にある。

後者は農業と農村生活の近代化の中で、農業も生活も地域自然との循環性を失い、営みはほぼことごとく環境負荷的になり、しかも負荷は汚染として蓄積していくという状況にかかわる問題である。農薬問題、化学肥料問題、ゴミ問題、生活排水問題などが挙げられる。これらの諸問題は農業・農村自身の問題であるだけでなく、これからの時代において農業、農村が社会的支持を受けるためにはぜひ改善しなければならない問題ともなっている。

②環境を浄化していく（耕地＝作物循環の回復）

環境負荷の対極には環境浄化があり、この両者は巨視的には循環論として統合される。循環が順調に進まないとき人々の営みは環境負荷となり、循環が順調に進むとき営みは同時に環境浄化としても機能する。

生物界の循環は、おおまかに見れば、非生物的自然との多様な交流を踏まえつつ、生産者としての植物群、消費者としての動物群、分解者としての微生物群という、３群の円環的関係として成立している。現在の地球は消費者としての人間が圧倒的優位の位置を占めており、それだけに人間生存の営みが、植物群と微生物群の営みと積極的な円環で結ばれ得るか否かが環境論にとって決定的な意味をもってくる。ここに環境論における農業の決定的な役割があると言うことができる。

農業は積極的に植物群を育て、そのために土づくりに取り組む。土づくりとは、土壌における生物活性の高度化であり、それは微生物群による分解的浄化力の向上である。すなわち農業は環境浄化力の向上を基礎として成立する営みであり、そこでは浄化力は、循環力となり、循環力は生産力となるという環境論からすればきわめて高度な関係が日常化されている。現実の農業がそのようなものとなり得ているか否かが問われている。

③より良い自然を育てていく（地域資源活用＝地域農法形成）

人々は自然に働きかけ、暮らしに適した安定した自然をつくることができたときヒトは人類となった。前述したように、そうした自然がいわゆる二次的自然である。人々は太古の昔から二次的自然に囲まれて暮らしてきた。二次的自然の形成は人類の誕生と発展にとって決定的な意味をもっていただろう。人々の営みが安定した二次的自然を形成し得たとき、人々は人類として持続性を手にすることができた。農耕はそのような人々の営みのあり方の一つの基本的な形だった。

農耕は農耕だけとしてあるのではなく、そのまわりに自らを支えてくれる自然を形成できたとき農耕は安定した持続的営みとなる。環境形成とは恐らく人々と自然とのこのような状態を言うのだろう。そこでは自然の利用は自然への手入れと同義性をもつ。里地里山に見られるような自然のあり方がこの概念に相当する。だから、農業・農村における環境形成は具体的には、農業や農村生活を地域資源の利用を基礎に組み立て、その資源利用が、里地里山の自然保全につながっていくようなあり方が模索されなければならない。里地里山を支えてきたさまざまな営みの継続、新しい「里地里山自然」とそれを支える仕組みの形成などが課題となってくる。

これら三つのテーマ領域は相互に関連し合って存在している。できれば浄化力の高さ＝循環力の高さ＝持続的生産力の高さ＝環境形成力の高さといった連関の実現が望まれる。

注

（1）中島紀一「水田農法近代化の環境論的意味」日本有機農業学会編『有機農業——農業近代化と遺伝子組み換え技術を問う』（有機農業研究年報第4号）コモンズ、２００４年

（2）中島紀一『「民間農法」の諸事例』日本生協連、1987年
（3）加用信文「農法の意義」1965年、加用著『日本農法論』御茶の水書房、1972年所収

補節　「品種」と種採りについての農学的考察
――「品種」は私的所有権と馴染まない

日本有機農業学会では２０１２年度の公開フォーラムとして「種子に関する主権と農家の役割」を開催した。以下は、その内容に関連した私の研究発表の要旨である（２０１２年12月9日、日本有機農業学会第13回大会、個別研究発表）。第５章２－（２）で述べた作物論にかかわるものであり、また、私の有機農業技術論の特論でもあるので、補注として再録しておきたい。

（1）有機農業学会２０１２年度公開フォーラムで語られたこと

２０１２年9月29日に開催された日本有機農業学会公開フォーラム（於立教大学）ではたいへん充実した研究報告を聞くことができた。

コーディネータの西川芳昭氏（名古屋大学）からは、種子をめぐっては国や大手企業がリードしグローバルに展開している「フォーマルシステム」が主導的となっているが、農民や小企業が主導するローカルな「インフォーマルシステム」も重要な役割を果たしている、しかし、後者の意義が十分に認識されておらず、両者をつなぐ道がつくられてはいないとの報告があった。

久野秀二氏（京都大学）からは、遺伝子組み換え技術の開発と実用化以降（１９９０年代中頃以降）、種子の世界が巨大な多国籍アグリビジネス（そのほとんどが農薬企業の系譜をひく）に独占的に支配されてきている様相が、不正義の拡大と深化の過程として克明に報告された。

大川雅央氏（種苗管理センター）からは、種子についての国際的な制度枠組みとしては種子を人類の共有財産と捉える「食料農業植物遺伝資源条約」（ＩＴＰＧＲ）と種子を個人財産と捉える「植物の新品種の保護に関する国際条約」（ＵＰＯＶ）、「知的所有権の貿易関連の側面に関する協定・第27条（3）-（b）」（ＴＲＩＰＳ）の二つの異なった考え方の制度があり、日本はＴＲＩＰＳには承認加盟しているが、ＩＴＰＧＲには加盟しておらず、両制度を踏まえた統一的なあり方の確立が日本政府としての政策課題となっているとの報告があった。

林重孝氏（日本有機農業研究会）からは、有機農業にとっては有機農業に適した品種の育成確保が不可欠であり、そのためにも有機農業農家による自家採種の取り組みが重要だとの報告があった。

これらの問題を有機農業推進の立場から追求していくうえでの重要なキィワードとして西川氏と大川氏からは「農民の権利」が、久野氏からは「食料主権」が提起された。

報告者もグローバルに展開するアグリビジネス支配の不正義に抗して、「食料主権」を主張し、「農民の権利」を確立、擁護していくというフォーラムで提起された方向性には同感である。

しかし、これらの議論には「品種」とはそもそもどのようなものなのかについての農学的考察が欠けており、そのことが問題点の本質的解明を難しくしているとも感じられた。結論を端的に言えば「品種」は人類が農業を獲得してきて以来の基幹的な構成要素であり、それは「変異性」と「固定性」

の両側面をもつ「いのちの概念」であり、近代社会における偏狭な私的所有権とは馴染まないものだという捉え方である。これは品種を「人類の共有財産」と捉えるＩＴＰＧＲの考え方に近いが、「共有財産」という概念とも次元の異なる「いのちの概念」として捉えていこうとする考え方である。

（２）農業は「品種」の発見から始まった

「作物」は一般概念、「品種」は個別概念と考えられがちだが、この捉え方は間違っている。「作物」はすべて「品種」として存在している。農業は野生植物からより有用的な「作物」を分離、利用するところから始まった。その作物が「品種」にほかならないのだ。

故鈴木芳夫氏（東京教育大学）は１９６０年代の終わり頃に「生物学は種（specis）を対象として展開構築されるが、農学は品種（variety）を対象として展開構築される」と述べた。卓見であった。念のため述べておくと鈴木氏が言った「種」は「しゅ」であり、今回の学会フォーラムでも多義的に語られた「たね」とは異なった概念である。ここで鈴木氏の遺見を引き継いで言えば、農業は種（specis）として存在していた野生植物から品種（variety）を分離し固定することによって創始されたのだ。だから「作物」はすべからく「品種」であり、「作物」は農業的「品種」群の総称概念にほかならないのである。

生物学的な「種」は互いに繁殖可能で、他と区別される類似した特質を有する生物群のことで、まずは分類学として確定し、続いて進化論的な位置づけの下で構築された概念である。「種」の概念が分類学において確定したということは、「種」が他と明確に区別できる独特な区別性の概念だということを意味するが、それが進化論において基礎づけられたということは、「種」は絶対的固定性の概念ではなく、変異と進化の線上に確認される変異性を含む概念だということを意味している。

農学的な「品種」の概念は、生物学的な「種」概念から出発し、同一「種」内に存在し、あるいは潜在する多彩な変異に着目し、それをある程度固定して「品種」を分離することが可能であり、その「品種」の分離から農業が創始されたと認識する。「種」における「固定性」と「変異性」という異なるベクトルの同時存在という特質を踏まえて、「品種」においてはより意識的に、かなりの程度人為的に「変異性」と「固定性」のベクトルをそれぞれに機能させ、実に多彩な「品種」を創出し、それが農業の多彩な発展の基礎要因となっていった。「品種」の変異性は、栽培される地域の環境風土に適応した地域性としても展開し、それは「エコタイプ」として整理される多様な地方品種として分化定着していった。

だから農学的「品種」は生物学的「種」以上に「固定性」と「変異性」の両ベクトルを明確に併せもっているのである。

また、作物も生きものであるから、それがもつ生命力の基礎には遺伝的多様性の保持（農学的表現では雑種性）が不可欠となっている。特定「品種」の有用性と固定性を求める先には限りない純系という地点に到達していくが、純系の追求は生命力劣化を招かざるを得ない。したがって有用性と固定性を謳う有用品種においても必ず適度な雑種性を保持させなくてはならない。これはすでに繰り返し確認されている農学的真理なのである。

(3)「品種」は私的所有権とは馴染まない

「品種」は栽培されている作物体としても存在するが、種苗としても存在する(接木技術が一般化している果樹や果菜類などでは様相が複雑であるが)。種苗は保存、移動、流通、売買も可能で、商品化にもある程度は馴染む。しかし、種苗は「品種」の一つの経過的な存在形態であり、そのすべてではない。いま一般に小売りされている野菜などの種の小分け袋には、種苗会社の過失による発芽不良などの場合には種代は返却するが、栽培に係わる賠償はしないと記載されている。これは売買される種は種であり、「品種」概念の全体を含む栽培作物のすべてではないという社会的了解に基づくものである。

「品種」を特定しての種の売買は、その「品種」の区別される特定の有用性に着目して行なわれ、したがってそこでは特性の「固定性」が前提とされ、強調される。しかし、すでに述べたように「品種」には形質の「固定性」と同時に必ず「変異性」も有している。「品種」は必ず変異し、変異しない「品種」の生命力は衰えてしまう。さらには「品種」のもう一つの本質である「変異性」は、「品種」を特定した売買には本来馴染まない。

農業の長い歴史の中で、有用性の高い「品種」はいつも独占や所有の対象とされようとしてきた。日本でも例えば幕藩体制の近世期には、優良品種の藩外持ち出しは禁止され、厳しい禁制が敷かれていた。しかし、その禁制は例えば「ええじゃないか」のかけ声と踊りで全国に広がった「おかげ参り」に参加した農民たちなどによって乗り越えられ、優良品種は全国に広まり、また、それぞれの地方の環境風土条件やさまざまな用途、用益に適合した地方品種、特用品種が開発され固定されていった。優良「品種」は独占されようとしたが、その独占は必ず間もなく崩れ、また、独占が崩れることによって「品種」は多彩に展開していったのである。「品種」の有用性の一つとして環境への優れた適応性があるが、これなどはいのちの力である「変異性」自体が「品種」特性と認識されている例である。

近代社会においては、こうした「品種」独占についての近世的制約は廃止され、「品種」は一応自由な存在となった。日本では明治期から米の品種改良に国家が関与するようになり、国主導で品種改良が進められた。しかし、それらの改良品種の母本はすべて、近世末から明治期にかけての篤農家による農民育種の成果に依存していた。育種に関するこうした経過と国の食糧政策の両面から米麦の「品種」については国家管理の強い枠がはめられてきたが、しかし、品種の売買と利用については強い制約はなかった。

「品種」についての私的所有権が強く語られるようになったのは１９７０年代に、園芸作物について民間育種の成果が次々に現れ始めてからだった。品種育成者の努力に経済的報償が与えられるべきだという議論から始まり、品種育成者権の概念が作られ、国家的な品種登録制度が構築され、登録された品種については育成者の了解を得ずに他者が販売目的で当該品種を増殖することを禁止するという制度が作られた。この制度は間もなく「種苗法」として法制化され今日に至っている。その背景には育成者権を強く保護しようとするＵＰＯＶ条約（１９６１年スタート）などの国際的動向に適応していこうという狙いもあった。

さらに遺伝子組み換え技術が商業化した１９９０年代中頃からは、遺伝子組み換えによる改良品種に特許制度を適用する動きがアメリカを起点として強まり、「品種」は知的財産として独占的な私的所有物とされる動きが支配的となろうとしている。その様相は学会フォーラムでの久野報告で詳細に紹介された。

しかし、「品種」は単なる遺伝的特性として存在しているのではなく、それは農業そのものを構成する重要要素であり、それを特定の企業等が独占所有してしまうことは、多くの農民が営む多様性のある農業の発展論理とは基本的にかみ合わない。また、「品種」は本報告で述べてきたように本来的に「固定性」と「変異性」のベクトルを同時にもつものであり、有用形質の「固定性」に依存してそれを独占的に私的所有しようとしても、その品種は間もなくそれ自身の「変異性」によって別の「品種」へと変異していく。こうした性格のある「品種」は生きものの総合概念であり、それは本来、私的所有権とは馴染まないのだ。「品種」に関して、社会は私的所有権ではなく別のもっと農業らしい制度構築によって対応していくべきなのだ。そこにいくら私的所有権を主張してみても、その主張は必ず破綻せざるを得ず、農業の多彩な発展を強く阻害してしまうに違いないからだ。

（4）有機農業における自家採種の意義

有機農業にはそれに適した品種群があり、また、有機農業では自家採種に独自の技術的意義があると考えられている。

いま一般に市販されている種は、化学肥料や農薬を大量に使用して栽培されることを前提として育成された品種の種である。多肥には馴染むが、少肥ではしっかり育たない品種も多い。また、生理的特質として自律性に欠け、病気や害虫を呼び込みやすい品種も少なくない。また、前進栽培、抑制栽培、周年栽培が追求されてきたために品種のきわめて重要な特質だった気候的季節的適応性に劣る品種も少なくない。施設栽培の一般化で、風雨、乾燥等の天候条件への適応性に欠ける品種も多くなってしまっている。

有機農業は自然条件を大切な恵みとして捉え、それを活かす栽培を追求するが、右に述べたような市販品種はそういう技術的方向と馴染みにくい。だから有機農業を進めるためには、安易に市販品種に頼るのではなく、有機農業の実際に適した有機農業らしい品種の育成、普及、流通への本格的な取り組みと仕組みづくりが必要なのである。すでにその取り組みは端緒的な段階ではあるが、各地の有志、そしていくつかの団体によって開始され、模索され始めている。

また、有機農業は地域に根づいた農業の伝統を大切にしようとするから、地域の個性ある伝統品種を重視しようとする。しかし、そうした伝統品種は大手種苗会社の業務と馴染まず、市販種苗としては入手が難しくなっている。地方伝統品種は篤農家、篤志家、地方的な小さな種苗商などの協働によって、それぞれに独自の地方的な種採りと流通と品種保全の仕組みがあったが、そうした体制も崩れてしまっている。近代農業の奔流のなかですでに絶えてしまった地方伝統品種も少なくない。こうした状況を踏まえれば、有機農業の品種育成においては、伝統地方品種の掘り起こし、保全と活用が重要な課題となってくる。有機農業の取り組みの中で掘り起こし、保全されてきた伝統品種も、まだ数は多くはないが、確実に増えてきている。

有機農業の品種育成の重要な基本線は、作物のいのちの力を強め、引き出すことである。作物の、そして品種の、さらには一粒一粒の種のいのちの力は、それぞれの土地に根ざした力として深まっていく。また、そのいのちの力はそれぞれの農のあり方に即して深まっていく。その力を育て、引き出していく営みが農家の自家採種である。それは難しく、手間のかかる作業なのでどこでも誰でも簡単にできるものではないが、しかし、とても大切で、深く大きな可能性と喜びのある取り組みではある。その取り組みも、有機農業技術の重要な柱に位置づき始めている。

次の第6章では有機農業の視点から土について論じる。土、すなわち農地と農地土壌については、近代農業の理論と政策に基づいて、土地改良、基盤整備、土壌改良と膨大な資金と資材が投入されてきた。しかし、それは農地と農地土壌を豊かなものにはしなかった。膨大な投資にもかかわらず、農地と土壌の自然力は衰え、農地と土壌は劣化し、地域の自然と離反し、荒廃の方向に向かってしまっている。農地と農地土壌について、経済学などの社会科学も膨大な研究と論議を尽くしてはきたが、結局のところそれらの学は農地と農地土壌の本来的な特質について適切に把握することができなかったと言わざるを得ない。品種についてもほとんど同様である。

農地も土壌も品種も、すべからく農業の基本概念であり、農業の基本的構成部分である。そして農業は自然と共にある人類の持続的な営みとして形成、展開されてきた。だから、それらは自然と共にある持続性のある農業の言葉として、農業らしいものとして捉え直し、技術としても組み立て直されなければならないのだ。そこに農学の役割と責任があるのだろう。

第6章　有機農業における土壌の本源的意味

1　土壌の定義と土壌の世界

本章では有機農業技術論の構築のために、有機農業にとって土壌がどのような意味をもち、また、そのような土壌観からどのような技術論が導き出されるのかについての一般的認識を整理した。個々の論点について詳細に論じるのではなく、有機農業における土壌認識、その土壌観の全体的枠組整理を狙いとしている。

本章のはじめに、議論を建設的に進めるために、ここで扱う土壌の定義と土壌の世界について確認しておきたい。

土壌は誰の目にも触れる存在で、人類の長い歩みの中で土壌についての定義、解釈にはたくさんの積み重ねがある。それらの中から、ここでは近代農学における、そして近代土壌学における良質の共通認識としてドクチャエフ（１８４６〜１９０３）と、それに基づく永塚鎮男氏（１９８８年）のものを掲げておきたい(1)。

「土壌は現地の気候・動植物・母岩の組成と組織・地形・土地の年齢といった土壌生成因子の総合的作用の結果として地表に生成する独立した歴史的自然体である」（ドクチャエフ）

「土壌（soil）とは、地殻の表層において岩石・気候・生物・地形ならびに土地の年代といった土壌生成因子の総合的な相互作用によって生成する岩石圏の変化生成物であり、多少とも腐植・水・空気・生きている生物を含み、かつ肥沃度をもった、独立の有機―無機自然体である」（永塚鎮男）

これらの定義の中で、著者としてはとくにドクチャエフの「独立した歴史的自然体」という認識に注目し、それを以下のように敷衍しながら議論を進めていきたい。

「私たちの前には、まず自然としての土地があり、私たちが生きる場としての土地の基本的属性としてドクチャエフの言う『独立した歴史的自然体』としての土壌があり、土地と土壌とそこで生きる人々の営みがその土地の風土を創り、農業はそうした風土の重要な構成要素としてあり続けてきた。ここに農業の本質的特質としての『在地性』が位置づいていく」

また、ここで取り扱う土壌という世界をどのようなイメージの中で構想していくのかという点に関しては、レイチェル・カーソン（１９０７〜１９６４）の『沈黙の春』第5章「土壌の世界」の冒頭の文章を掲げておきたい(2)。

「地球の大陸をおおっている土壌のうすい膜―私たち人間、またそこにすむ生物たちは、みなそのおかげをこうむっている。もし、土壌がなければ、いま目にうつるような草木はない。草木が育たなければ、生物は地上に生き残れないだろう。

農業があってこそ成立っている私たちの生活は、また土があればこそ可能なのだ。だが、土壌も生物のおかげを大きくうけている。土のはじまり、その歴史は、動物、植物ともちつもたれつなのだ。土は、生物がつくったのだと言えなくもない。はるか、はるかむかし、生物と無生物との、不思議な秘密にみちた交わりから、土ができてきた。山が火を噴き、熔岩が流れ出る。水が押し出し、裸の岩を洗い、かたい花崗岩までもすりへらし、霜や氷の鑿が、岩をうちくだいた。すると、生物は魔法に等しい力を発揮し、生命のない物質を少しずつ、ほんの少しずつ土に変えていった。はじめ地衣類が岩をおおって、酸を分泌しては岩石をぐずぐずにし、ほかの生物が宿れる場所をつくった。地衣類のぼろぼろになったかす、ちっぽけな昆虫の皮、海から陸上にあがりはじめたファウナ（動物相）の残骸でできた土壌の小さな穴に、蘚類が生えた」

2　有機農業についての基本認識

続いて、繰り返しになるが本書において前提としている「農業と自然の関係性」「有機農業の概念」について確認しておきたい。

〈農業と自然の関係性〉

農業はもともと自然に依拠して、その恩恵を安定して得ていく、すなわち自然共生の、人類史的営みとしてあった。長い農業の歴史の中で、自然の生産力を基礎としてそこに人為の働きかけが融合的に加わり、自然と人為が共生した安定した生産力、生産体制が作られてきた。ところが近代農業においては、農業の基礎に自然と人間の共生があるという認識がないがしろにされ、科学技術の名の下に、農業を自然から離脱した人工の世界に移行させ、工業的技術とその製品を導入することで生産力を向上させることがもっぱらめざされるようになってしまった。こうした近代農業の展開は、一時的な生産力向上を実現しはしたものの、結局は、地域の環境を壊し、食べものの安全性を損ね、農業の持続性を危うくしてしまった。それに対して有機農業は、近代農業のそうしたあり方を強く批判し、農業と自然との関係を修復し、自然の条件と力を農業に活かし、自然との共生関係回復の線上に自然と人為が融合した生産力、生産体制の展開をめざす営みとして構築、形成されてきた。

このような視点から、「有機農業の定義」を有機農業の展開プロセスとして整理すれば次のように言うことができる。

〈有機農業の展開プロセス〉

有機農業は、近代農業からの体質改善的な転換期を経て、圃場内外の生態系形成に支えられて自然共生的な成熟期へと進んでいく。有機農業への転換は、圃場、農家の経営、地域農業の諸段階で、関連しつつ重層的に進められていく。その過程で、有機農業の取り組みは、地域の歴史風土を尊重し自然を大切にするさまざまな活動と結び合い、また、生産と消費、農村と都市の交流と連携が追求されるなかで、新しい地域農業の形成と自然共生型の新しい地域社会づくりが進められていく。

上述のことを項目として整理すれば次の3点となろう。

①農業は自然と人為の間にある人類史的な営みである。そのあり方にはかなりの幅とバラエティがある。

②近代農業はそれを自然離脱・人為優位の方向に改変しようとしてきた。

③有機農業はそれを自然共生の方向に修正し、新しい展開を作り出そうとしている。

3　農業における自然力

自然離脱・人為優位を指向する近代農業においてすら、それが農業である限り、その土台は自然であり、その展開プロセスも、その成果も、自然力の恩恵の上にある。このことについてアダム・スミスは『国富論』で次のように述べている。(3)

「あらゆる労働を加えたところで、その仕事の一大部分はつねに、自然によって成し遂げられるべきものとして残る」

このような農業の土台となる自然とその力（自然力あるいは自然諸力）は、一般には「土地」「作物」「家畜」と並列的に語られることが多い。しかし、こうした農業を支える自然諸力のなかで、「土地」はもっとも基盤的な意味を持っている。この点への明確な認識がここでは重要である。「土地」には、土壌的な側面と、気候的な側面と、地形的側面と、人為の蓄積も含めた歴史的側面と、所有や利用などについての社会的側面が含まれている。(4)

こうした「土地」の具体的あり方にはたいへん大きな幅があり、そのなかのある類型の「土地」を基盤として農業は展開してきた。

降水量が少なく、土壌形成が微弱で不安定な沙漠地域や乾燥草原地域では、耕さず、種を播かないことと草食家畜の飼養を基本とした遊牧文化が成立展開してきた。また、ある程度の降水量があり、土壌形成が進み、気候にもある程度の温暖性のある地域では、耕し種を播くことを基本とした農耕文化が成立展開してきた。同じ農耕文化地域においても、例えば畑作で畜産の比重の大きい西洋と水田農業の比重の大きい東洋では、農耕文化のありようは大きく違っている。

土壌は、極地や厳しい乾燥地域を除く、多くの地域の土地の基本的な属性としてある。そして、そうした位置にある土壌の世界は、母材的条件だけでなく、レイチェル・カーソンが描き出したような植物、動物、微生物が連関するいのちの世界でもあり、農耕はその上に成り立っている。

土壌の存在についてのこのような認識は、視点を宇宙における地球の特質に広げた時に鮮明になっていく。宇宙において地球は、水のある星であり、生き物の生きる星であり、そして土地の表面に薄く土壌が形成されている特異な星なのである。

4　土壌は森林でつくられる

土壌形成が微弱な乾燥・沙漠地域と豊かな土壌形成が実現している日本のような湿潤温帯地域を比較するなかで、そこにおける土壌形成の差異は何に由来するのかを考えてみると、後者には森林の成熟があることに気づかされる。土壌形成の決め手になる土壌有機物の収支、蓄積に関して言えば、森林は基本的に黒字の構造があり、降水と気温に恵まれ、森林に覆われた地表では、植物、動物、微生物等の連関した活動が活発で、供給された有機物は、腐植として蓄積され、土壌が豊かに形成されていく。他方、乾燥・沙漠地域においては多年生草本を中心とする草原の植生が土壌形成を主導しているが、その力は弱く、不安定である。こうした点からみれば、「土壌は森林で作られる」という命題は一般的に成立すると考えられる。

そして、農耕地は、このような土壌形成的な森林を伐採して、裸地化したところに成立している。したがって本来農耕地は、土壌形成的な位置ではなく、土壌収奪的、あるいは土壌劣化的プロセス上に成立していると認識すべきだと思われる。

こうした認識を踏まえるならば、いわゆる土づくりとは、土壌形成のプロセスにかかわるというよりも、まずは土壌劣化を食い止め、回復を図ろうとする取り組みだと捉えるべきで、したがってそれは土壌肥沃度の回復という狭い視野からの取り組みとしてではなく、土壌総体の保全や回復をめざすものだと認識すべきであろう。

土づくりの典型的あり方は地域資源を循環的に利用した堆肥施用であるが、そのほかにも、敷き草、緑肥、休閑などのあり方もある。さらには焼き畑などの林野との長期輪換というあり方もある。これらの土づくりについての多様なあり方の評価においては、土壌の肥沃性や生物的な健康さの維持、回復、増進だけでなく、上述した森林における土壌形成を原点とした土壌総体の保全や回復という線上からの考察も不可欠であろう。

5 土壌の自然力と肥沃度

本章の冒頭で紹介した永塚鎮男氏の土壌定義でも指摘されているとおり、土壌の普遍的性質の重要な一つとして肥沃性を有するという点がある。ここで肥沃性の概念には、狭義の生産性だけでなく、安定性や持続性の概念も含ませておきたい。後述のために、狭義の生産性にかかわる肥沃性を肥沃性A、安定性や持続性にかかわる肥沃性を肥沃性Bとしておきたい。また、狭義の生産性にかかわる肥沃性に関しては、それを人為的に向上させ改変していく可能性も含まれている点にも留意しておきたい。

仮に土壌にこの肥沃性という特質がなかったとすれば、採取という文化様式を超えたものとしての農耕という文化様式は成立しなかっただろう。農耕の成立と土壌の肥沃性とは不可分の関連性でつながっている。しかし、同時に農耕の成立は、土壌というものが、直線的な肥沃性だけでなく、さまざまな多様な特質を有しており、そこに多様な生物の棲み分け的生息がつくられていることとも深く関わっている。ある程度の土壌形成を前提として、どのような土地においても、狭義の肥沃性の多少にかかわらず、人々の暮らし全体と多面的に結び合う多様な農耕のあり方が構築、形成されていく。端的な言い方をすれば、農耕は、肥沃な土地にも、肥沃ではない土地にも、それに則した豊かなあり方を形づくっていく。地球における人類の普遍性、すなわち人類の生活文化とは、多様な土地条件をそれぞれに活かしたこのような農耕の多様な展開性を基盤としているのだ。

土壌の自然力は、一つの大きな筋道として肥沃性の線上にあることは確かだが、同時に、肥沃性という狭い路線を超えて、多彩に展開する力であり、農耕はこうした自然力の両面性に依拠して展開してきたという点は、有機農業論においてはとくに外せない基礎認識であろう。

ここで、肥沃性に収斂されていく土壌の自然力を自然力Aとし、肥沃性には収斂されない土壌の自然力、さらには土地の自然力を自然力Bとすれば、有機農業らしい自然力A、自然力Bとはどのようなものなのか、その形成メカニズムはどのようなものなのか、さらには自然力AとBが一体的に形成、発現していくようなあり方はないのか、あるとすればそれはどのようなものなのか、そこにおいてレイチェル・カーソンが描いたような生命的な土壌の世界がどのようなかかわりをつくっているのか、等々のことが有機農業技術論として多彩に解明されていくことが求められている。

6　分割され私的所有される自然力

土壌の自然力のもう一つの重要な特質は、かなり任意な線引きで分割でき、しかも独占的に利用し、占有し、さらには私的に所有し得る自然力だという点にある。土地所有という形で、土地の自然力は、分割され占有されていく。

ここで土壌の自然力と土地の自然力の相違性が現れていく。土壌の自然力はかなりの程度分割所有と馴染むものであるが、しかし、土地の自然力には分割所有によって阻害され失われてしまうものも少なくない。林野と農耕地との結合、河川や沼沢と農耕地との結合等によって作り出されてきた土地の自然力は、分割所有によって壊されてしまう。土地の自然力には、このような分割にも、私的所有にも馴染まない全体性の強い特質もあり、こうした土地の自然力のあり方と、分割が可能で、私的所有されやすい土壌の自然力との分裂に、農耕の社会的現実における自然力衰退の本質的な契機をみることができる。

7　近代農学における地力論

第4章2と第4章補節でも述べたことだが、テーア（1752〜1829）、チューネン（1783

〜1850）に始まる近代農学の当初の主要な中身は、地力均衡論（＝農業重学）にあった。そこでは前述した農耕による土壌劣化を食い止めつつ営農を持続的に展開していく経営技術の構築が模索されていた。産業革命による近代的都市の形成とそこへの食料供給という新しい時代的環境の下で、三圃式農法体制等の前近代の持続性と安定性のある農業体制が崩れ、その中から生産性は高いが不安定で持続性に欠ける近代農業と近代農業経営が生まれ、そうした近代農業と近代農業経営を維持し増進していくための農耕の技術と理論の体系として近代農学は模索、確立されていく。そこでは堆厩肥施用による地力均衡が営農技術の主軸として位置づけられ、それはいわゆる腐植説として確立していった。

近代農学における地力論の基本はチューネンによって下記のように定式化されている。

Ｅ＝Ｔ・Ｑ・Ｈ・Ｋ

　Ｅ：土地の作物収穫力

Ｔ：土壌の顕効度（作物養分の供給力）　Ｑ：土質（有機物の有効化力）

Ｈ：肥料・投入有機物　Ｋ：耕作因子（前後作等）

地力＝Ｔ・Ｑ　肥力＝Ｑ・Ｈ

Ｔと Ｑは当該土壌の固定的特質

Ｈと Ｋは耕作による可変的特質

こうしたチューネンの土壌肥沃度についての定式化の有する理論的意味について、加用信文氏、江島一浩氏は次のように整理している。[5]

第一に、有機物を植物養分に変える土壌の作用Qと、植物養分が作物に吸収される難易性を示すTという土壌の作用を区別し、明示したこと。

第二に、そのTとQの相互作用を地力と規定し、土壌に固有の属性とみたこと。

第三に、地力と区別して肥力の概念を立て、土壌中の植物養分量を意味させたこと。

第四に、有機物＝肥料と植物養分を区別したこと。

第五に、同一土壌といえども、その収穫力Eが作物により異なるとみて、いわゆる「地力」の発現の仕方が相対的で、絶対的とは理解していなかったこと。

このような地力均衡論的認識に対して、リービヒ（1803～1873）は、イギリス、ロンドンで都市住民の屎尿が下水からテームズ川に流れていく現実を踏まえて、農村から都市への食料移送に始まる近代的フードシステムが形成されており、土壌由来のミネラルは農村から一方的に流出し続け、従来の堆厩肥施用による地力の循環的回復は原理的に無理だという判断を示した。さらに彼はこうした認識を踏まえて農業生産の持続性の回復のためには、人造肥料の形での外部からのミネラル補給が不可欠だと主張した（第4章2の図4－1）。ここに近代農業の形成、展開に対応して、テーア、チューネンの地力均衡論からリービヒの外部からの地力補給論への近代農学の路線的大旋回があった。[6]

8　農業経済学における土壌の認識と地代論

さて、チューネンによってこのように定式化された「E：土壌の収穫力」は、本章5で述べた土壌の肥沃性についての抽象化された一般論である。この土壌肥沃性の抽象化された認識を踏まえて、農業経済学の地代論が構築されていく。

すなわち、土壌の肥沃度は、当然のこととして多様なあり方を有しているのだが、近代農業において分割され私的所有された土壌の自然力は、地域の暮らしを支える自給的総合力としてではなく、都市への食料供給力として、すなわち商品供給力として追求されることになる。そこでは土壌の自然力は、そこに投下される人為の技術力と合体した商品生産力として評価されるようになる。そうした自然力、すなわち土壌の肥沃性は、それぞれの土地が固有に産み出していく生産成果の量的差異として、すなわち産出される固有の商品量として、そして最終的には貨幣量として評価され、その差異を根拠として貨幣として評価される経済的な土地の肥沃性、すなわち差額地代が形成されるという農業経済学における地代論の認識が成立していく。

そこでは、土地と土壌の自然力については、単純化された自然力Aのみが意識され追求され、自然力Bは忘れられ、認識体系からも消え去っていく。また、自然力Aを構成する肥沃度についても、狭義の生産性に直結する肥沃性Aだけが強く追求されるようになり、安定性や持続性にかかわる肥沃性

Bについては、農業技術の発達の中で、評価が低められ、現実的には無視されるようになってしまった。農業経済学における土地や土壌に関する認識は、いつの間にかほぼ地代論だけに収斂されてしまい、それは単純化された貧弱なものとなってしまっている。

その結果もあって、近代農業は、科学に支えられた合理的農業だとの自己認識の下で展開されてきたにもかかわらず、結局のところ取り返しのつかないほどの土壌劣化を招く不合理な農業を体制的に作るという結果を生んでしまった。

9　地代論形成のプロセスでの抽象化の陥穽

有機農業においても商品生産は重要な領域であり、その生産力形成と結びつく土壌肥沃性Aの形成は重要な課題である。また、そうした有機農業の幅広い展開の中では、優良農地においては地代もまた当然の結果として形成されていく。自然と人為の共生的な営みとして土壌の肥沃性Aをどのように向上させていくのかという探求は有機農業技術開発においても重要な課題である。

しかしそうした各論的探求の前に、農業論の基本として改めて認識されるべきは、近代農業論においては、農業のもつ全体性、土地のもつ全体性、土壌のもつ全体性が、商品生産の追求のなかで見失われてしまってきたことへの厳しい認識であろう。近代農業の現実の展開において、狭義の商品生産力に直結しない自然力は捨て去られ、結果として農業自体の基盤が突き崩されるという事態が普遍的に生じてしまっているのである。

近代農業の展開を支えるものとして構築されてきた農業経済学において、土地の自然力がどのように認識され、そこから地代論の体系がどのように導き出されるのかについては、加用信文氏の「農業における土地の経済的意義」および「耕境の考察」に優れた考察が示されている。加用氏のこれらの論文を読めば、氏らが考察の初発において土地についての幅広い認識を有していたことがよくわかる。そして同時に、そのような土地認識のなかから、何がどのように捨象されて、貨幣量の差異だけに単純化された地代論が構築され、結果として土地や土壌についての認識自体が単純化され、貧弱化されてしまう論理的プロセスが明解に示されている(7)。

まず、加用氏は「土地は、生産要素として、生産に利用される自然一般として各種の役割をもつ」としたうえで、農業において土地は「生産過程に入りこむ生産手段としての自然にほかならない」とし、さらに「農業における生産手段としての自然力がいわゆる土地の豊度（豊沃度、肥沃度）として現れる」と述べる。さらに氏は「地代論でいう豊度の概念を追跡してゆくことによって、農業における土地をめぐる経済的意義に近づく最も有力な方法と考え、ここではその途を選ぶこととする。けだし、地代論においては、混沌たる自然を混沌たるままで観察するのではなく、これに有効な限定を設けられるからである」と述べている。

また加用氏は「我々の問題とする自然は、言うまでもなく利用しうる自然である」とし、「農業に用いられる土地は、野性的な裸のままの自然としての土地ではなく、農業の生産手段としての土地である」「それはいわゆる加工された自然――第二次的自然としての土地＝農地にほかならない」とも述べる。そして、そこでの自然力は土地の中に「独占されうる自然力として固定化されている」とも述べている。

その上で加用氏は加工された自然としての農地へのプロセスとして、開墾と土地改良についての詳しい考察を経て、そうした人為を踏まえて形成される「土地の豊度も歴史的性質をもち、歴史的条件に応じて異なった現実的豊度となる」と述べ、ここからそうした現実的豊度の差異を基礎として、差額地代形成のメカニズムが解説されていく。

概略以上のような加用氏の考察過程に如実に示されているように、土地自然から地代論に至る農業経済学の土地や土壌についての考察過程は、豊富で多様性のある土地自然を全体として把握し、活かしていくという方向ではなく、土地自然を肥沃性Aの増大の方向で改変し、そこから地代論に直結する要素だけ切り取って論理を組み立てるというあり方となっている。その思考のプロセスで「利用しうる自然」「「生産手段としての自然」「加工された自然」だけに認識が集中され、自然や土地や土壌の多様なあり方は認識の外へと追いやられ、結局は論理構築の場では捨象されてしまっている。そしてこのようにして析出される地代を最大化していこうとするあり方が土地に関する近代農業の基本的方向として位置づけられ、そのことの一面的追求が結局は近代農業の現在の破綻を招いてしまったのである。ここでの抽象化は捨象化であり、単純化であり、その過程で農業論にとってきわめて重要な自然と人為が結び合う全体性が見失われていくという方法論的陥穽がここに示されている。そしてこのプロセスは近代農業における自然離脱の方向と対応するものであった。

こうした結果を生んでしまった農業経済学における地代論の理論形成、抽象化プロセスへの批判は、有機農業という形で自然共生型農業の再構築を図ろうとしている私たちにとって不可欠の作業となる。農業経済学、さらには近代農学において、地力、肥力、肥沃度、地代形成等に関する理論構築のプロセスで捨象されてきた自然、土地、土壌、農地、農業の多様な内容の再発掘、その全体認識の再獲得、そしてそれを踏まえた自然共生を指向する全体性のある農業論の再構築とその技術化が必要なのである(8)。

自然と農業の多面的な関係性について、狭義の生産性追求の方向で捨象し、単純化し、自然共生から人為優先の方向へと進もうとするベクトルを反転させ、人為優先から自然共生への道を再建し、自然と人為が混じり合うなかに豊かさが実現されていくようなあり方を農の場に取り戻していくこと。そうした実践と思考の過程において課題の全体性を見失わないための方法論の模索と確立。それらの課題を探求するためにも、土壌の意味を「独立した歴史的自然体」としてしっかりと捉えていくことの重要性。そして、土地と土壌のもつ全体性と在地性をくみ取り活かしていく農業を地域の広がりの中でつくっていくこと。私は土壌についての以上の考察を、そうした取り組みのための準備作業の一つと位置づけたいと考えている。

10　私たちの「べつの道」

レイチェル・カーソンは『沈黙の春』の終章を「べつの道」としている。その冒頭でカーソンは「私たちは、いまや分かれ道にいる。〈中略〉だが、どちらの道を選ぶべきか、いまさら迷うまでもない」と述べ、ノンケミカルの道、そして自然と共にある道の選択を呼びかけている。

カーソンのこの提唱から半世紀を経たいま、私たちは、私たちの「べつの道」を単なるノンケミカルではなく、自然との共生を、ゆったりとかつ高度に実現していく有機農業の道として、そしてより本質的には世界を救う農の道として提起、提唱できるところまで進んできている。そうした方向での有機農業像の展望において土壌は本源的意味をもっている。このことを強調して本章の結びとしたい。

注

（1）大羽裕・永塚鎮男『土壌生成分類学』養賢堂、1988年
ジャン・ブレーヌ著・永塚鎮男訳『人は土をどうとらえてきたか―土壌学の歴史とペドロジスト群像』農文協、2011年

（2）レイチェル・カーソン『沈黙の春』1962年、邦訳は新潮社1964年刊

（3）アダム・スミス（１７７６年）『国富論』水田洋訳、河出書房、１９６３年、２３４ページ
（4）椎名重明『農業にとって生産力の発展とは何か』農文協、１９７８年
（5）加用信文「農業における土地の経済的意義」（１９５３年）加用著『農業経済の理論的考察』御茶の水書房、１９６５年所収
　江島一浩「地力培養技術の農業経営からの検討」１９７６年、小倉武一、大内力編『日本の地力』御茶の水書房、１９７６年所収
（6）中島紀一「世紀的転形期における農法の解体・独占・再生」『農業経済研究』72巻2号、２０００年、71～82ページ
（7）加用信文「耕境の考察」（１９４２年）加用著『農業経済の理論的考察』御茶の水書房、１９６５年所収
　加用信文「農業における土地の経済的意義」（１９５３年）加用著『農業経済の理論的考察』御茶の水書房、１９６５年所収
（8）中島紀一「耕作放棄地の意味と新しい時代における農地論の組み立て試論――農地の自然性を位置付け直す」農業問題研究学会編『農地の所有と利用』筑波書房、２００８年所収
　中島紀一「『耕作放棄地』問題から『田畑（自然）と社会（人間）』について考える（上、下）」『地域アソシエーション』66・67号、２００９年、地域・アソシエーション研究所

第7章　近代農業と有機農業——技術論の総括として

1　技術論から見た近代農業の仕組み

第1章1の末尾に次のように書いた。

「自然と農業の歴史的な関係性という視点からみれば、農業には、自然と共生して自然の恵みをいのちの営みとして活かしていこうとする伝統的な農業と、自然から離脱し、外部からの資材供給を軸に人工的な生産力を追求しようとする近代農業の2類型があることがわかってくる。そうしたなかで、有機農業は、近代農業のあり方を強く批判し、自然共生を軸とした伝統的な農業の継承発展として、有機農業をこれからの農業のあり方として追求してきたし、これからも追求し続けるだろうという私たちの主張が出てくるのである」

現代農業には技術論からみれば近代農業と有機農業の二つの類型が存在し、相互に歴史的未来をめぐってせめぎ合っているという考え方である。有機農業は独自基準に基づいた特殊農法ではなく、有機農業は近代（現代）という時代において近代農業とせめぎ合う歴史性のある農業運動だという認識がそこには込められている。

第4章4で述べた自然と農耕の関係性から技術体系の歴史的特質を位置づける「農法論」の視点からすれば、近代農業は自然からの離脱を強く志向し、農法否定の農業であり、有機農業は、自然との共生の回復を求め、農法再確立の農業だということになる。

本章では本書の総括としてこれらの点について改めて考えてみたい。順序としてまず近代農業とその技術論について振り返ることから始めたい。

繰り返しになって恐縮だが、第4章、第4章補節、第6章では、近代農業のスタートと近代農学の成立について概略次のように述べた。

産業革命による都市の急激な拡大とそれに伴う都市の食料需要の増大という時代の大転換のなかで前近代の伝統的農耕体制が崩れ、都市に向けての食料の商品生産が広がっていく。それに対応して近代農業と近代農業経営が形成、成立していくのだが、新しく誕生しようとしていた近代農業は生産性は高いが不安定で持続性に欠けるという問題点を抱えていた。この問題への社会的対応として近代農学が形成、展開していくが、当初は、テーア、チューネンらによって収奪される地力を堆肥等で回復を図ろうとする「地力均衡論」が追求される。しかし、間もなくリービヒからは外部資材による地力補給の「地力外給論」が提唱される。ここで新しい技術の主役として登場するのが「人造肥料」だった。

この点についてもう少し踏み込んで考えてみよう。

テーア、チューネンからリービヒへの転換、「地力均衡論」から「地力外給論」への転換は歴史的に見てきわめて重要なことだった。ここで近代農業展開の技術的基本路線が決められたと考えてよいと思う。実際にはリービヒの「人造肥料」は技術として成功せず、施肥による地力の外給は、1910年代にハーバー・ボッシュ法の発明と工業化の成功によって空中窒素からアンモニアを合成する技術（窒素成分21％の硫安の製品化）が登場して以降、合成化学肥料が次々に開発、実用化されてから本格化していくのだが、原理的にはリービヒの理論と路線がその基礎となっていた。

近代農業は、産業革命によって農村と切り離されて急成長する都市の食料需要に対応するものとして構築されてきた。その技術論的方向を最初に明確に提起したのがリービヒの地力外給論だったのである。近代農学はおおまかにはリービヒの提起の線上に大展開していった。それ故にリービヒは近代農学の祖とされている。

リービヒは成長する大都市（遠隔地）への食料供給への対応として再編、構築されつつあった商品生産的農業の技術的限界は物質循環の破綻にあると見抜き、それへの対策として、食べものとともに大都市へ流出していくミネラル資源を外部から補給するという技術的処方箋を書き、そのための人造肥料の開発などの技術研究に取り組んだ。その時リービヒが想定した農業にかかわる物質循環フローは第4章2の図4-1のようであった。

農業は、収穫逓減の法則（農業独特の収穫曲線）に支配されており、外部からの投入の拡大が産出拡大には必ずしも結果せず、持続性のある農業のためにはほどほどに投入を抑え、ほどほどの産出でよしとすることが基本原則だとされてきた。このことを農業理論として定式化したのがリービヒの論敵とされたテーアだった。収穫逓減の法則の枠組みが実際の農業を支配している限りではリービヒの外部資材の投入による循環修復の技術理論は、農業の性格を大きく変えるものとはならなかっただろう。

だが、科学技術の進展とさまざまな投入資材を開発する工業生産力の展開のなかで、化学肥料・農薬の開発、品種改良、耕作方式の改良、土地改良の推進、農業施設化の推進などによって、次々に新しい収穫曲線が開発され、農業生産はそれらの収穫曲線を次々に乗り換えるプロセスが進み、結局は図4-2のように、投入の拡大で産出の増加を追求する生産関数的世界に農業もはまりこんでいってしまった。これが工業生産力に追随する近代農業の生産力拡大の実情であり、このような飽くなき生産性追求と止まることのない投入拡大は、間もなく環境容量的限界を超えることになってしまった。

近代社会における経済活動の幾何級数的な拡大が地球の限界を超えてしまうという警告を最初に発したのはメドウズらによるローマクラブリポート『成長の限界』（1972年）だった。[1]

「経済活動の規模と地球の容量」についての計測というメドウズらの視点を踏まえてその後、さまざまな指標の計測や評価が繰り返されてきた。例えばワクナゲルらによるエコロジカル・フットプリントの計測では、経済成長などの人類の諸活動（エコロジカル・フットプリント）の総体は、１９８０年頃に「地球の土地の扶養力」を超え、20世紀の末には扶養力を20％も超えてしまったとされている。

地球環境のこのような深刻な状況は、主として先進諸国の工業的、都市的な経済成長によるものであり、農業はそこで主犯的役割を果たしてきたわけではない。しかし、この時代に、農業においても「近代化」「産業化」が追求され、工業的、都市的経済成長に追随、再編していく方向が強力にめざされてきたのだから、近代農業も、それは投入の増加によって産出の増加を求めていくという生産関数的な枠組みに組み込まれてしまってきており、共犯的役割を果たしたという判定から免れることはできないだろう。

日本では農業近代化は農業基本法（１９６１年）によって国家的に推進されることになった。

農業基本法制定を準備する過程で基本的テキストとされた『農業の基本問題と基本対策』（１９６０年）では、「農業の基本問題」を「自給的生活維持の農業」から「商品生産を行う経済部門としての農業」、あるいは「産業としての農業」への移行、転換だとして、それに関して次のように述べている。[2]

「構造改善とは、農業を自給的生活維持の経済部門としてではなく、商品生産を行う経済部門としてできるかぎり産業として確立することである」

「わが国経済の特殊性は『土地に対する過度の人口圧力』を生み出し、零細農耕と零細土地所有を特質とする日本の農業構造を固定化し停滞的とした。このため、たとえ十分な生計を維持し得ないものであっても、外部に十分な雇用の場を見出せないかぎり、一片の土地にしがみつく以外にはなかったのである。しかもこのような自給的農業が否応なしに商品流通の中にまきこまれていく過程は、生産物の販売を通して利潤、地代、労賃等が正当な形で実現されることとはほど遠い関係にあったのである。こうしてわが国農業は、商品流通の中に深く巻きこまれながら、大量の家族労働力を零細な土地の上に投下して生活の場を確保する生計維持的な色彩を色濃くもってきたし、しかも一方、わが国においては、こういった状態を、農業は特別なものであるからとして正当化する考え方が強かった。それは農業がわが国社会の中で果たしていた社会的安定層としての機能に対する配慮が強く働いていたことも無視できない。このようにして農業は経済社会における底辺に甘んじなければならなかったのである」

「受け身に商品流通の中に巻きこまれるのではなく、積極的に商品生産を行い、正当な賃金、利潤、地代部分をその生産物の中に実現できる経営が少なくともその一部には存在しうるような条件と基礎が整えられなければならないのである。この立場は、農業もまた商品生産を行う産業だとみる産業主義の立場ともいうことができよう」

日本農業は、これまでの自給的農業のあり方を廃止し商品生産を本旨として産業化されなければならない。そのためには農業への科学技術の導入、農業近代化の推進が必要だという主張である。日本社会全体についてはこの時代に高度経済成長が進展し、農業もそれに巻き込まれつつ大変身を遂げていった。

そしていま、日本農業は日本社会全体、さらには国際的経済社会全体と共に地球環境問題の時代（メドウズの『成長の限界』の時代）をつくってしまったのである。

メドウズが警告した地球環境問題は、１９８０年代以降のグローバル化のなかでいっそう加速され、途上国も含めた人類全体が能動的にそこに関与するという状況がつくり出されている。グローバル化は、社会主義世界体制の崩壊、自由主義経済の世界化、国際貿易の急速な拡大とＷＴＯ体制の成立などによってさらに一気に進行してきている。

それは農業や食料の場面でも、世界市場の拡大として強力に推し進められた。そこではアメリカなどの新大陸型先進国農業による世界市場の席巻という事態が進行しつつある。農業や食料は元来、風土的なものであり、各国、各地域にはそれぞれ個別性の強い、独立的な仕組みと営みが形成されていた。グローバル化はそうした風土的あり方を突き崩し、世界市場に統合された新しい仕組みを作り出しつつある。小農を最大の基盤とし、一国的構造を強く確立してきた日本の農業は、こうしたグローバル化のなかで崩壊的危機にさらされているが、日本農業の崩壊自体が、結果としてグローバル化の進展という形で地球環境問題の深刻化に寄与することになってしまうという事態も直視されるべきだろう。

この章のはじめに現代社会における近代農業と有機農業という農業の二つの型の対抗的存在という

認識を示した。しかし、近代農業が圧倒的メジャーとなっている現実の中で、草の根での有機農業の取り組みがそれと歴史的に対抗するなどという私の認識は誇大妄想のように聞こえるかもしれない。しかし近代（現代）社会、そして近代農業はすでに明確に構造破綻してきているのである。だから私の認識を誇大妄想と決めつけるのではなく、近代農業の構造破綻を厳しく見つめることにこそリアリズムがあると考えるべきなのだ。この点についてのメドウズの論議を少し振り返っておこう。

2　メドウズ『成長の限界』にみる農業川下産業論

メドウズらは1972年に『成長の限界』を著して以降、同じ手法を使ったその後の検討結果を1992年に『限界を超えて――生きるための選択』、2004年に『成長の限界――人類の選択』として公表している。そこに示されているメドウズらの検討経過と諸結論は以下のようである。[3]

メドウズらは、数学的シミュレーションモデル（その後「ワールド3」と呼称）を構築し、当時の先端的大型コンピュータを使って計算し、現状を診断し未来を予測している。

最初の報告書である『成長の限界』ではその結論を次の三点としている。

（1）世界人口、工業化、汚染、食糧生産、および資源の使用の現在の成長率が不変のまま続くならば、来るべき100年以内に地球上の成長は限界点に達するであろう。もっとも起こる見込みの強い結末は人口と工業力のかなり突然の、制御不可能な減少であろう。

（２）こうした成長の趨勢を変更し、将来長期にわたって持続可能な生態学的ならびに経済的安定性を打ち立てることは可能である。この全般的な均衡状態は、地球上のすべての人の基本的な物質的必要が満たされ、すべての人が個人としての人間的な能力を実現する平等な機会をもつように設計しうるであろう。

（３）もしも世界中の人々が第一の結末ではなくて第二の結末に至るために努力することを決意するならば、その達成するための行動を開始するのが早ければ早いほど、それが成功する機会は大きいであろう。

そこでは数学的に計測され予測される「幾何級数的成長」展開と「幾何級数的成長の限界」という結末が鮮明に示されていた。

それから20年が経過して著された１９９２年の『限界を超えて――生きるための選択』では、その冒頭で「オーバー・シュート（行き過ぎ）」が強調され、それについて「意図せずうっかりと限界を超えてしまうこと」との解説をしたうえで、計測の諸結果からは、人類はすでに「オーバー・シュート」の地点を超えてしまったと認識せざるを得ないとして、次のように述べている。

「行き過ぎた後には、その結果としてさまざまな現象が生じうる。その一つは言うまでもなく、ある種の破壊である。もう一つの可能性は、意図的な方向転換、過ちの訂正、慎重な減速である。本書ではこの二つの可能性を、人類社会とそれを支えている地球に当てはめて考察する。われわれはいまからでもこの過ちを訂正することは可能だと考えている」

さらに1972年から32年を経過した2004年の『成長の限界――人類の選択』では、「オーバー・シュート」は明確であり、その認識の端的な表現として先に紹介したワクナゲルらによる「エコロジカル・フットプリント」の考え方と計測結果を引用している。その上で、認識の結論として次のように述べている。

「かつて、成長の限界は遠い将来の話だった。ところが現在では、成長の限界はあちこちで明らかになりつつある。かつて崩壊という概念は考えられないものだった。いまでは、まだ仮説的な学術的概念としてではあるが、人々の会話の中にも登場しつつある」

さらにメドウズらは、同書の最終節を「慈しむこと」と題して、次のように述べている。

「地球規模のパートナーシップ精神を持って行わないかぎり、人類は持続可能なレベルまで人類のエコロジカル・フットプリントを減らすという冒険に勝利を収めることはできない。人々が自分自身もほかの人たちも、一つに統合された国際社会の一部であると見なすようにならない限り、崩壊は避けられない。そのためには、思いやりの気持ちが必要だ。それも、同じ時代に自分のまわりにいる人たちだけではなく、遠くに暮らす人々や将来世代への思いやりが必要なのである。人類は『未来世代に生き生きとした地球を残す』という考え方を大事にするようにならなくてはならない」

「世界は実際にその限界の範囲内に戻り、崩壊を避けられるのだろうか？　人類のエコロジカル・フットプリントを減らすのは、間に合うのだろうか？　地球規模でのビジョンや技術、自由、地域社会、責任、洞察力、お金、規律、そして愛は十分にあるのだろうか？」

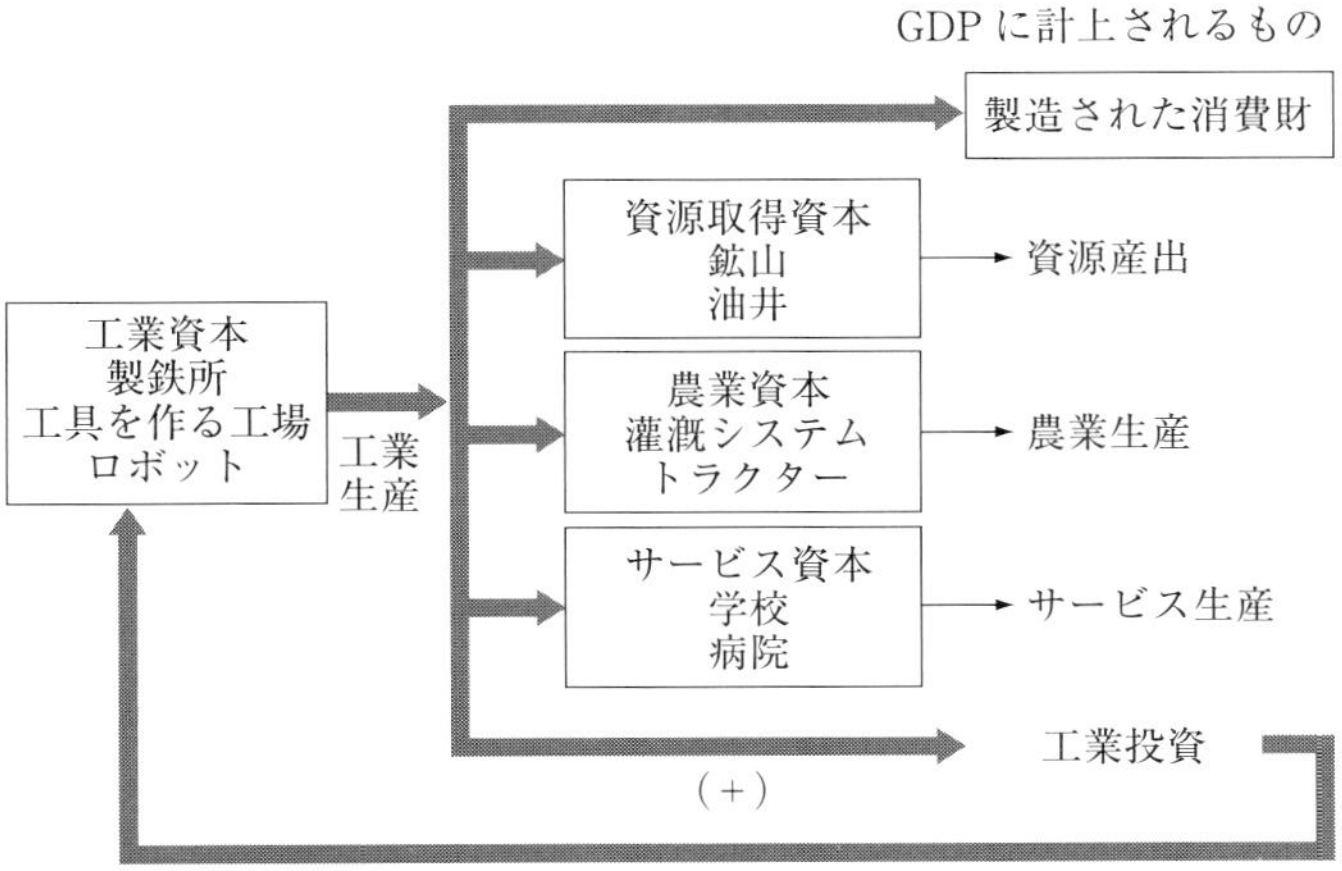

工業生産とその配分は、ワールド3のシミュレーション経済の行動パターンの中心的要素である。工業資本の規模によって、毎年の工業生産量が決まり、その工業生産は、その国の目標やニーズに従って、5つの部門に分配される。消費される工業生産、資源部門へ分配され資源の獲得のために使われる工業生産、土地開発や土地収穫率向上のために農業部門に振り向けられる工業生産、社会サービスに投資される工業生産がある。そして、残った工業生産が減耗を補い、工業資本ストックをさらに拡充するために、工業部門に投資される。

図7-1　農業は工業の川下産業になっている

（メドウズ、1992年）

私たちはいま、メドウズらが指摘し続けてきたすでに行き過ぎてしまった地点「オーバー・シュート」の地点まで来てしまっているのである。

ところでメドウズらの『成長の限界』に続く著書には農業に関係して図7-1が掲げられている。ここにはメドウズらの現代農業に関する認識が端的に示されている。

メドウズらの現代の経済社会への認識は、始めに資源採取があり、続いて工業生産があり、その生産物を活用して、農業などの消費財生産が展開し、その先に消費財の消費過程が続くという枠組みとなっている。川上産業として工業があり、農業はその川下産業として構築されているという認識である。農業は川下産業だというこの認識は、メドウズらだけに特有のものではなく、現代社会におけるごく普通の認識であり、近代農業の実態もほぼそのようになっている。

だが、このような工業化された産業社会の川下に位置する一パーツとなってしまっている「近代農業」の実態とそれを良しとしそれを是認する枠組み認識を、根本から変えていくことなしには、時代的転換と新しい農業の可能性を拓くという私たちの課題は果たすことはできないと思われるのである。

人類史の長い歩みの中で、農業は常にそのようなものとして存在してきたわけではない。18世紀に始まる工場制工業の展開を基軸とした産業革命によって、社会は農業社会から産業社会に転換し、そのなかで自然共生を基本としていた農業は、工業生産に依存し、その川下の産業という形に自らの姿を変えていったのである。農業をそのように変質、再編していくプロセスが「農業近代化」であった。それは日本では1961年の農業基本法によって国家を挙げて推進してきた道だったのである。

3　メドウズ『成長の限界』に欠けている自然共生の視点

メドウズらのこのような先駆的な、そして30年以上に及ぶ継続した仕事とその諸結果は、すでに大方の識者の共通認識となってきている。筆者も同感である。しかし、同時にこれが単にメドウズらの見解というレベルを超えて、それが時代認識の普遍的モデルだとまでされるのならば、そこに大きな違和感や異論があることも言わざるを得ない。

第三著の『成長の限界——人類の選択』は、メドウズらが到達した思想的地点をよく示している。メドウズらは長期にわたる継続的な仕事によって、計測し、事態の意味を深く考察しているが、そうした事態が何故に招来し、そこにはどのような社会構造とそれを動かす動因や論理が存在しているかについての解明、端的に言えば資本や市場や政治の動向と構造の分析については課題としても設定されておらず、したがってデータに基づいた詳細な計測と分析にもかかわらず、将来展望としてはオルタナティブな社会のあり方は提示できず、結局、「しっかりとした見識」と「深い慈愛の心」を呼びかけることに終わってしまっている。

メドウズらの著書には国々や地域や人々の暮らしの姿が全く語られていないことも指摘しなければならない。世界の国々はそれぞれ固有の国土を有し、それぞれの土地の自然と結び合った風土的な歴史と社会のあり方をつくり上げてきた。また、人々はそうした国々において、それぞれの地域でそれぞれ個性的な暮らし方と地域社会を形成し、そのなかで共同性のある生活を営んできた。メドウズらが鮮明に解明した「幾何級数的成長」とは、そうした国々や地域での風土的な、あるいは個性的な暮らしのあり方を根底から突き崩すことによって進められてきたのだが、彼らはこうした問題については全く踏み込んでいない。

彼らにとって成長とは自然からの離反であり、人為は資源の浪費であり、人為は環境の汚染や破壊だと捉えられている。しかし、人々と自然、社会と自然の関係には、離反、対立、負荷というあり方だけでなく、共生や共進化というあり方もあった。生活次元に引きつけてより具体的に言えば自然の恵みに支えられた自給的な暮らし方もそこにはあった。農業も含めて、人類の長い歴史を貫く重要な経糸には自然と結び合った自給の深化があった。人類史における社会の持続性のもっとも重要な基盤には、実はこうした経糸としての自然共生的な自給の体制があった。しかし、こうした点についても、メドウズらの問題意識には含まれていないようである。

メドウズらの分析と考察においては、人類生存の基礎的消費財としての食料については重要な位置づけがされているが、農業については一つの産業分野という位置づけがされるだけで、そこに本源的意味を認めてはいない。その点では、「地球の容量」と「人為活動の限界」について考察しようとするワグナゲルらの「エコロジカル・フットプリント」論の場合には、「地球の容量」は端的に言い換えれば「土地の扶養力」だとされており、そこでは「土地」に独自の位置づけがされ、「土地利用」と「土地の扶養力」に関して重要な役割を果たす農業も独自のものとして位置づけられている。しかし、ワグナゲルらの農業についての認識は、自然共生という方向での農業の本源的意義については十分な認識がされていないために、農業の独自性を踏まえた展開までには至っていない。

1992年にリオで地球環境サミットが開催され「開発が地球環境を壊している」との認識が共有されたが、2002年にヨハネスブルクで開催された10年目の地球環境サミットでは、上記の命題は

「貧困が環境を壊している」に置き換えられ、地球の隅々まで及ぶ経済成長の推進が主張された。具体的には１日１ドル以下で生活する人々の存在をなくしていくという行動目標が示された。１日１ドル以下で暮らす人々とはどんな人々なのか。典型的な例としては、難民キャンプや土地を失いスラムで生活する人々が想定されるが、重要なもう一群には土地自然と結び合って自給的な暮らしを続ける人々もいる。土地自然との共生の回路を失ってしまった近代社会の末期に暮らす私たちは、後者の人々から多くを真摯に学ぶべきだろう。メドウズらもヨハネスブルクサミットの失敗は指摘しているが、上述のような視点は提起できていない。

4　マルクスの土地とつながった自給的社会論

唐突ではあるが、ここでマルクスの言説について触れておきたい。彼は『資本主義的生産に先行する諸形態』（１８５８年）において、近代社会の成立の前提には、人々と大地との離反、すなわち自給的生活様式の解体があったことを力を込めて指摘している。メドウズらも私たちも、問おうとしているのは近代社会の結末なのであり、したがってその考察の起点にはマルクスが書いた前近代の社会における自然共生による自給的な暮らし方の問題がきちんと位置づけられなければならないだろう。

『資本主義的生産に先行する諸形態』には左記のような記述がある。(4)

「自由な労働とこの自由な労働の貨幣への交換は——それは貨幣を再生産し、また増殖するために、私的消費のための使用価値としてでなく、貨幣のための使用価値として、貨幣によって食いつぶされるためにする——賃労働の前提であり、また資本の歴史的諸条件の一つであるが、そうだとすれば、自由な労働をそれが実現される客観的諸条件——労働手段と労働材料——から分離することが、もう一つの前提である。したがって何よりもまず、労働者を彼の天然の仕事場としての大地から切り離すこと——それ故、自由な小土地所有、ならびに東洋的共同体を基礎とする共同体的土地所有を解体することである」

「このような労働の目的とするところは、価値の創造ではなくて——よしんば彼が他人の《労働》、すなわち剰余生産物を交換しあうために、剰余労働をおこなうことがあるとしても——、個々の所有者とその家族、ならびに共同団体全体を維持することがその目的である。個人を一労働者として裸一貫にするということは、それ自体歴史の所産である」

「大工業の第一の前提は、使用価値ではなく、交換価値の生産に、農村を全面的に引きいれることである」

「資本が自分のために一つの国内市場を急速に形成するのは、資本がすべての農村副業をほろぼし、したがって万人のために紡ぎ、織り、万人に着せるなどといったことによって、つまり、以前には直接的使用価値としてつくりだされた商品を、交換価値の形態にすることによってであるが、それは労働者の土地からの分離、また生産諸条件にたいする所有（それが隷属的関係であろうと）からの分離によって、おのずから生ずる一過程なのである」

マルクスのこれらの記述について筆者は別稿で次のように述べたことがあった。(5)

「資本制社会の一般的成立には、裸の賃労働者が一般的存在となり、生活がおおむね貨幣＝商品経済で賄われる社会が作られることが必要であり、そのためには自給的生活様式の解体が歴史的前提となる。自給的生活様式とは人々が大地と結びつくことを基本とする生活様式であり、したがって裸の賃労働者の一般的成立、より広く言えば近代資本制社会成立の歴史的前提は、人々の暮らしが大地から切り離されることなのだとマルクスは言うのである。

さらにマルクスは、近代以前の時代には、人々は共同体の成員として大地と関係しており、人々の大地からの離反の歴史的過程は同時に共同体的社会の解体として進行し、大地と離反した人々は同時に共同体からも離脱していくことになったとも言う。また、近代工業の成立と発展の前提には、農村を全面的に市場経済に引き入れることがあり、そのためにも資本はすべての自給的な農村副業を滅ぼしてきたと言う。そして、これらのことが人々が大地から引き離されていく歴史的過程としてあったとするのである」

ここでの主題は、農業近代化についての技術的側面からの抜本的再検討ということなのだが、そのためには自給を基本として自然共生的であった農業社会から、自然収奪、自然離反を基本とする工業社会への移行という歴史的過程への考察が不可欠だと言いたいのである。

5　新しい時代における農業のあり方論

近代農業と有機農業という歴史性のある対抗とは、別の言い方をすれば新しい時代における農業のあり方をめぐる対抗なのである。農業は商品生産だけを追求する産業的な農業だけであってよいのだろうかという問いなのである。

この点に関して、数年前に策定された国の「第三次生物多様性国家戦略」（２００７年）と「農林水産省生物多様性戦略」（２００７年）ではたいへん踏み込んだ提言がなされている。

以下、この二つの「戦略」文書から、農業のあり方論、新しい農業観に関して、注目すべき具体的な記述例を紹介しておこう。

「第三次国家戦略」では、農林水産業の基本的特質に関して、例えば次のように記述されている。

「日本人は、農業や林業、沿岸域での漁業の長い歴史を通して、多くの生きものや豊かな自然と共生した日本固有の文化を創り上げてきました」

「農林水産業は、人間の生存に必要な食料や生活資材などを供給する必要不可欠な活動であるとともに、わが国においては、昔から人間による農林水産業の営みが、人々にとって身近な自然環境を形成し、多様な生物が生息生育するうえで重要な役割を果たしてきました」

また、「第三次国家戦略」の策定に先立ち策定された「農林水産省生物多様性戦略」では、農業と生物多様性の原理的関係性について、すなわち農業観について例えば次のようにより踏み込んだ記述がされている。

「農林水産業は、工業等他産業とは異なり、本来、自然と対立する形でなく順応する形で自然に働きかけ、上手に利用し、循環を促進することによってその恵みを享受する生産活動であり、生物多様性と自然の物質循環が健全に維持されることにより成り立つものである」

「農林水産業は、自然界における多様な生物にかかわる循環機能を利用し、動植物等を育みながら営まれており、生物多様性に立脚した産業である。このことから、持続可能な農林水産業の展開によって自然と人間がかかわり、創り出している生物多様性の豊かな農山漁村を維持・発展させ、未来の子どもたちに確かな日本を残すためにも、生物多様性を保全していくことが不可欠である」

生物多様性と農業に関するこのような基礎認識を踏まえて、「第三次国家戦略」では、これからの田園地域の「望ましい地域のイメージ」を次のように描いている。

「農地を中心とした地域では、自然界の循環機能を活かし、生物多様性の保全をより重視した生産方法で農業が行われ、田んぼをはじめとする農地にさまざまな生きものが生き生きと暮らしている。

農業の生産基盤を整備する際には、ため池やあぜが豊かな生物多様性が保たれるように管理され、田んぼと河川との生態的つながりが確保されるなど、昔から農の営みとともに維持されてきた動植物が身近に生息・生育している。そのまわりでは、子どもたちが虫取りや花摘みをして遊び、健全な農地の生態系を活かして農家の人たちと地域の学校の生徒たちが一緒に生きもの調査を行い、地域の中の豊かな人のつながりが生まれている。耕作が放棄された農地は、一部が湿地やビオトープとなるとともに、多様な生きものをはぐくむ有機農業をはじめとする環境保全型農業が広がることによって国内の農業が活性化しており、農地として維持されている。また、生物多様性の保全の取り組みを進めた全国の先進的な地域では、コウノトリやトキが餌をついばみ、大空を優雅に飛ぶなど人々の生活圏の中が生きものにあふれている」

ここに書き込まれている認識は、地球環境危機を憂い、新しい時代のあり方を求める今日の一般人の良識的認識からすればすでに受け入れやすい普通のものとなっている。しかし、これまでの政府、農水省が主導してきた農業近代化の農業観からは驚くほどの転換である。

ここに書き込まれている要点を摘記すれば次のようである。

①農業はこれまで長い歴史の中で自然の恵み（生物多様性と物質循環）に支えられて営まれてきた。

②そうした農業の展開はまわりに豊かな自然を育んできた。

③そうした農の営みにたくさんの人々が参加してきた。

④そこに伝統的な日本の文化が創り出されてきた。
⑤農林水産業と工業等他産業では、自然との関係性のあり方が異なっている。
⑥農林水産業では、自然と対立する形でなく、順応する形で自然に働きかけ、上手に利用し、循環を促進することによってその恵みを享受することをめざしてきた。
⑦これからの農林水産業が進むべき方向は、こうした農林水産業の原点に立ち返り、自然との親密な関係を取り戻し、それを豊かに育て、そういう取り組みに多くの国民が参加していくことである。

要するにここに書かれていることは、自然共生型農業の確立とその取り組みへの国民多数の参加が必要だというもので、本書で筆者が述べてきたこととほとんど重なっている。

6　自然共生型農業としての有機農業

農業はそれぞれの地域の自然と人間が共生し永続していく営みとして長い人類史を担ってきた。農業は自然と人間の交流の一形態であり、農業は地域自然を生産力基盤として自らの内に取り込み、また、自然は農業や農民の生活を包摂することによって新しい自然へと自らの姿を変えていった。

ところが、科学技術に主導される近代農業は、伝統農業が育んできたこのような自然との共生関係とその構造を捨て去り、それを工業生産から提供される資材利用に置き換え、そのことで生産性を高める道を進み、地域の自然は壊されていってしまった。

このような中で、地球規模の、そして時代という時間軸レベルでの、大状況認識として自然共生型社会への模索、回帰が課題となり、その模索を主導するものとして自然共生型農業への期待が高まっているのである。では、「第三次生物多様性国家戦略」で提示された農業観、すなわち自然共生型農業というあり方と重なるような現実の農業動向は何かといえば、その筆頭に有機農業を挙げることに大方の異論はないだろう。

すでに述べたように有機農業は、1930年代における宗教家・岡田茂吉氏や農業哲学者・福岡正信氏らの先駆的な提唱を嚆矢として、以来、70年余の歩みのある息の長い在野の農業運動である。有機農業は歴史を重ねたその取り組みの中で、近代農業の上述のようなあり方を強く批判し、そうした自然離脱の方向を反転させ、農業と自然との関係を修復し、自然の条件と力を農業に活かし、自然との共生関係回復の線上に生産力展開をめざそうとしてきた。有機農業は、自然と離反するこうした近代農業のあり方を見直し、改めて地域の自然と共生する農業を地域社会の基礎に置くべきだと主張してきた。それは、特殊農法として自己確立しようとする方向ではなく、あたり前の農業の回復と展開への模索としての取り組みだった。

もちろん自然共生型農業という方向はひとり有機農業だけのものではない。楢崎恭爾氏（1908～1987）が提唱した山地酪農なども自然共生型農業をめざす貴重な取り組みとなっている。また、現実のこととして有機農業を自称する農業実践のすべてが自然共生型農業への道を進んでいるわけでもない。しかし、本書では自然共生型農業を志向する取り組みについてのそうした現状分析までには至っていない、それらはこれからの解明課題として残されている。本書では有機農業を自然共生型農業を志向する取り組みの代表的なあり方と位置づけて筆をおきたい。

注

（1）D・Hメドウズら『成長の限界』ダイヤモンド社、1972年

（2）農林漁業基本問題調査会事務局『農業の基本問題と基本対策』農林統計協会、1960年

（3）D・Hメドウズら『限界を越えて——生きるための選択』ダイヤモンド社、1992年
D・Hメドウズら『成長の限界——人類の選択』ダイヤモンド社、2005年

（4）マルクス『資本主義的生産に先行する諸形態』1858年

（5）中島紀一「自然と結びあう農業を社会の基礎に取り戻したい」山崎農業研究所編『自給再考』農文協、2008年

付章1　農地と自然地の相互性
――耕作放棄地問題への新しい視点

1　「放棄地」の草から見えてくること

耕作放棄地が各地で増えている。ムラのあちこちに、雑草が生い茂る土地が広がっていくのは嫌なものだ。しかし、ここで少し冷静に考えてみると、その元農地が、資材置き場や駐車場などに転用されていくことと比較すれば、雑草地のほうがまだましだとの判断も出てくるだろう。また、春先にはもうもうたる土塵の嵐が舞っていた畑が、耕されなくなり、雑草地になると土塵の嵐もなくなったという話もよく耳にする。雑草地には雉が巣をつくり、雉の親子が野道に顔を見せるという場面もよくあることだ。

いま「耕作放棄地は悪だ」という大合唱が続いているが、耕作放棄地はそんなに悪なのだろうか。

いま、「耕作放棄地は雑草地になる」と書いたが、これは農学的には必ずしも正確ではない。そこは「間もなく野草地になる」と言うべきなのだ。雑草という言葉の農学的意味は、耕す田畑にはびこるやっかいな野草のことで、耕さない土地に普通に生える草は雑草とは呼ばない。それは野草である。野草地にはしばらくすれば丈の低い雑木が生え始め、そこは藪地となる。藪地はウグイスたちの棲み家となり、藪地が増えれば、春先にはウグイスたちの素敵な歌が聞こえてくる。

こうした耕作放棄地のその後の行方は、大まかに言えば自然地への回帰ということになる。「耕作放棄は自然地への回帰の始まりだ」と言えば、「耕作放棄地は悪だ」という大合唱も少しトーンダウンしてくれるのではないかという期待も私にはある。

「耕作放棄地は悪だ」という大合唱のなかからは、土地への感謝の気持ちや尊敬の気持ちがあまり伝わってこない。農地も含めて土地は人がつくったものではなく、自然のものである。遠い昔、農耕を生きる文化として獲得していった私たちの祖先たちは、自然の土地をその土地の神様からお預かりして、農地を拓き、農耕にいそしんできた。田畑の使い方、耕し方は、それぞれの地域やそれぞれの時代によってさまざまであったが、いつの時も、農地としての利用が自然の摂理に反しないように、長い視点からの自然との折り合いを常に気にし続けてきた。そこにある願うような気持ちは田畑の祭りとして顕され、自然への感謝の気持ちが常にそこにはあった。「耕作放棄地は悪だ」という大合唱のなかからは、土地に対するこうした感謝の気持ちは伝わってこない。

「耕作放棄地は悪だ」という主張の前提には、農地耕作は常に善だという認識がある。しかし、今日の農地耕作は常に善だと主張できるようなものなのだろうか。今では林野の若柴や落ち葉を堆肥にして田畑に施すことも少なくなってしまった。肥料といえば化学肥料があたり前となり、土壌消毒も日常化し、土はトラクタで粉々に耕耘されていく。耕すことによって土地の自然は衰えていくばかりだ。基盤整備では、土地の地形は無惨に改変され、大型の農業機械がうまく使用できることを最大の関心事として工事が進んでいく。その様子は大型の宅地開発工事とさして変わらない。宅地開発の場合は、今でも地鎮祭から始められることが多いようだが、農地の基盤整備の場合はどうなのだろうか。

農地はもちろん農業生産のための土地ではあるが、それは同時に地域の自然の重要な部分を担っている。より正確に言えば、かつては担っていたはずだ。ところが、現代的な農地利用においてこうした認識はきちんと位置づけられているのだろうか。露地畑にハウスを建てるとき、そしてハウスでの栽培様式を土耕から水耕等に切り替えるとき、それまでその畑が担っていた自然的要素がどうなるのかについて、かつて祖先たちが土地利用について土地の神様に了解を求めていたような気持ちを思い出していただろうか。

「一度耕作放棄してしまうと耕作再開はたいへん難しい」という恐れの声もよく耳にする。確かに野草地になり、藪地になった田畑で農耕を再開するにはそれなりの手間はかかる。一度ロータリーをかければそれでよい、というわけにはいかない。しかし、かといって機械化が進んだ現代では、「耕作再開はきわめて難しい」というほどのことでもないだろう。

逆に、これはあまり知られてはいないが「耕作放棄による耕作上のメリット」もかなりある。まず、耕作放棄で土地はほぼ確実に豊かになる。土壌病害も解消していく。そして雑草害も減少する。どこの耕作放棄地でも必ずこれらのメリットが十分に得られるかと問われれば、「必ずとは言い切れない」と答えざるを得ないが、かなり多くの場合は上記のとおりなのである。肥沃性の回復や土壌病害の解消については、「耕作放棄」を「休閑」と言い換えればある程度のご理解をいただけるだろう。しかし、「雑草害の減少」はなかなか信じていただけない。ここでは詳しくは説明できないが、先に書いた「雑草」と「野草」の違いがそこでのポイントになる。耕作放棄とともにその土地から田畑にはびこる雑草も姿を消し、野草の世界が出現していく。そして改めて農耕が再開されても、しばらくは「野草」から「雑草」への交代は進まない。多くの場合、おおよそ2年から3年くらいは、「野草」も「雑草」も優勢にならない空白の期間が出現するのである。

だから、耕作放棄地での農耕再開は、多少の手間はかかるが、案外、良い面も多いのだ。しかし、その隠れたメリットも、いつまでもは続かない。3～4年くらいたつと、耕作再開地特有の問題点も見られるようになる。問題はそこでどうするかである。私の提案としては、耕作継続に無理するのではなく、再び耕作放棄地に戻すことをお奨めしたい。翌年、そこには素晴らしい野草地が出現する。さながら万葉植物園のようになるだろう。

野草地への回帰はおおまかな方向性であり、具体的にそこにどのような野草地が出現するかは大きな問題として残されている。私が暮らしている関東地方の現在で言えば、そこはセイタカアワダチソウのような外来侵入野草優占の植生になってしまう例が多い。野草地のこうしたあり方を回避して、上述した万葉植物園のような野草地を実現していくには、耕作放棄→耕作再開→耕作放棄の繰り返しが最適のように思われるのである。こうした取り組みのなかで土の中で眠っていたさまざまな埋土種子（シードバンク）が一斉に芽生える時が巡ってくる。

耕作放棄地対策を焦る必要はない。耕作放棄地が広がる今の状況は、土地利用に余裕が生まれている局面と理解することもできる。この希有な余裕を活かして、改めて、しっかりと土地と向き合い、「農地」と「自然地」の相互性について、次の世代の人々と、あるいはこれまで耕作とかかわってこなかった一般市民の方々と、考え合ってみたいものである。

2　「耕作放棄地」問題から「農地と自然地」について考える

（1）「耕作放棄地」をめぐる戸惑い

耕作放棄地の拡大が現代日本の農業問題の象徴的現象であり、耕作放棄地解消は緊急の農政課題だという主張は、今日の農政論議においてはほぼ異論の出ない共通認識となっている。しかし、筆者は、この主張の中に今日の農地問題認識の枠組みの根本的おかしさが示されていると考えている。「耕作放棄地は悪だ」という認識は常に正論と考えられているが、そんなことはない。

この認識の裏側には「農地耕作」は常に正義だとする認識がある。しかし、現代の農地耕作に深刻な問題点があることはすでに常識である。近代技術を駆使した農地整備や農地耕作が、農地を痛めつけ、農地に含まれている自然地的要素を極限まで排除しようとしている現状は、心ある識者ならば誰でも知っている事実である。

「耕作放棄地は悪だ」という議論と現代の農地整備や農地耕作には深刻な悪が含まれているという認識は無媒介に同居できるわけではない。現実の耕作放棄地対策として「無目的なロータリー耕耘と除草剤散布」というパターンが各所でみられるが、こんな醜悪な対応が耕作放棄地対策として是認されてしまうのは何故だろうか。

それは農地に関する社会的認識のなかに「耕作放棄地の広範な存在」を素直に位置づける枠組みが構築準備されておらず、かなり意図的な「耕作放棄地は悪だ」というキャンペーンの広がりの中で、識者の脳裏にわけもない恐怖感が浸みわたりつつあるからではないのか。恐怖感という言い方はすこし極端だとしても、そこにあるのは「戸惑い」、あるいは「うろたえ」と言わざるを得ないのではないか。

耕作放棄地の拡大の一般的背景に地域農業の空洞化の結果があることは明らかである。にもかかわらず、その構造的問題を問うことなく、農地所有者の「利用管理放棄」の責任だけを、それが反社会的な行為であるかのように追及するという現在のキャンペーン的な論議のあり方には異様な雰囲気を感じてしまう。ことに「いつまでも利用改善されない場合には強権発動すべし」といった主張がさほどの抵抗感もなく語られている現状は異様だ。

例えば住宅問題と対比してみれば、その異様さは明らかである。社会には現在の住宅状況に不満を感じている人は多く存在し、他方で、空き家もまた多数存在している。そこに貸借売買の流通改善の必要性はあるとしても、所有住宅が空き家だというだけで空き家所有者が社会的に指弾されることはない。住居は空き家にしておくと老朽化し価値は劣化するが、後に述べるように農地の場合は、耕作を止めれば自然地への回帰が始まり、そこには自然的な豊かさが回復していくのに、である。

（2）農地と自然地の相互性

耕作放棄地問題についての今日の社会的論議において少なくとも踏まえられるべき前提は「耕作放棄地の広範な存在には構造的な背景があり、それが解消しない限り、ここしばらくはかなり広範に存在し続けるだろう」という現実認識だろう。

農地耕作者が耕作を止めた後に、農地の行方はどうなるのか。その土地が自作地であった場合は、借地希望者を探して貸与する、農地として他の農家等に売却する、農地以外に転用する、耕作放棄地として放置する、等の道が想定される。

最近の動向としては、地域農業の空洞化のなかで、農家数は急減しているが、農地面積の減少スピードはそれほどまでに加速していない。農家は農業を縮小したり、農業を止めたとしても、農地を簡単には売却したり、他人に貸与したりはしない。その結果として、農地は農地の形で残り、しかし利用は粗放化し、さらには遊休農地が広範に出現することになる。これは積極性のある選択ではないが、かといって特段に非難されるような選択でもない。農業の縮小に伴って農地の農外転用が急増するという事態と比べればよほどましのことではないのか。

耕作が放棄されると農地はひどい状態になり、再び農地に復元するのはたいへんだ、という一般的な認識がある。しかしこの認識にもかなり大きな間違いがある。

農地と自然地は相互的なものであり、農地の基礎には自然地としての土地の性状がある。耕作を止めれば農地は自然地に回帰していくのであり、それは決して異常なことではない。耕作によって喪われていたさまざまな自然地の性状は、耕作を止めることによって次第に回復していく。自然地としての豊かさは回復し、土壌の肥沃性や生物性も改善されていく。かつてはごくありふれた存在だった農村生物の絶滅が急速に進みつつあるが、耕作放棄地は絶滅危惧の生きものたちの有力な逃げ場ともなっている。耕作放棄地の農地復元についても、今日の機械力等を前提とすればさほど困難なことではない。

農地面積は広大であり、それは国土において大きな位置を占めている。日本は特殊な都市国家ではない。日本列島という日本の国土の基本は、海も含む自然地である。その自然地としての日本の国土の普遍的な利用形態の一つとして農地というあり方がある。林業地も畜産草地も同様である。農地も林業地も畜産草地も自然地の一形態であり、そこには、それぞれの社会的有用性を求める利用形態がつくられてきた。併せて、自然地としての在り様についての、利用者のそして社会のしっかりとした認識と自然地としての保全管理についての適切なルールも必要なのである。しかし、これまでのところこうした視点は欠落しており、そのルールの在り様はそのアウトラインすら見えていない。

国土の基本を自然地として把握するという認識に立てば、農地でも林業地でも畜産草地でもない自然地についての存在認識も不可欠となってくる。しかし、現代社会では、知床、白神、屋久島などの世界遺産地を除いては、それは「原野」「荒蕪地」としてしか認識されていない。農地でも林業地でも畜産草地でもない自然地は、秘境であればその価値は認められるが、人々が暮らす身近な場所では「未利用地」＝「藪地」として問題視されてしまうのが現状である。

農地でも林業地でも畜産草地でも、産業的利用地という側面だけでなく、自然地としての側面も同時にもっている。農村の集落にも自然地としての側面はあるし、都市においてさえ自然地の側面は完全には消去しきれない。都市のカラス、街路樹のアメリカシロヒトリなどは、都市の自然の哀しい残像である。

歴史的には、自然地はその地の神様が宿る場、自然地は神様が差配する場所として認識されてきた。人々は土地をその地の神様からお借りし、適切に利用し、その成果について神様に感謝し、またいずれは神様にお返ししていく。これが伝統社会における土地と人間の関係性の基本だった。

農地はもともとは自然地であり、その地の神様からの預かりものだとすれば、耕作をしなくなった時点で、その土地は感謝を込めてその地の神様にお返しし、農地は自然地に回帰していくというあり方はあたり前のこととすべきなのではないか。自然地は神様の土地として大切に保全されれば、そこからはたくさんの恵みが土地の人々に与えられることも、かつての村人たちならば誰でも知っていた。だが、現実には古くからの農家においてさえ、農地は先祖からの預かりものだという意識はあったとしても、それはその地の神様からの預かりものだという意識は薄れてしまっており、耕作ができなくなった農地の扱い方がわからなくなり、やむなく放置し、捨て置くという形になってしまっているのが現状なのではないか。

ここで問われるべきことは、耕作利用しなくなった農地を神様の差配する自然地に戻すにはどうしたらよいのかという点であろう。単に放置するだけでは自然地としての性状がより良く回復していくことにはなりにくい。関東地方の平坦地で言えば、単なる放置ではセイタカアワダチソウやアズマネザサなどが密生するだけで、多様性のある自然地にはすぐには戻らない。また、ともすれば耕作放棄地はゴミ捨て場となってしまう。

耕作放棄地の存在を責めるだけでなく、耕作放棄地がより良い自然地に回帰していく手だてを考え、講じていくことも不可欠な課題ではないのか。

(3) 農地は単なる経済財ではない

農地は単なる経済財ではなく、農地は自然地の一部であり、したがって農地はかけがえのない自然財としてもしっかりとした位置づけがされるべきなのに、その認識枠組みが農地に関する現在の社会理論には欠落しているように思われる。

経済財としての農地と自然財としての農地は実は別事ではない。経済財としての農地の価値、すなわち農地の豊かさは基本的には自然地としての豊かさに由来している。したがって、経済財としての農地の基礎には自然財としての農地の在り様があるのだ。自然財としての土地の在り様が、その土地の農業と農地のあり方を規定し、そのことがその土地の農法のあり方を決め、そしてそれぞれの農法が、それぞれの農地の豊かさの在り様を規定している。

農地の善し悪しについての認識は、歴史的過去においてはたいへん多様で、多面的な評価がされてきたが、近代の時代になるとそれは単純化してしまい短期的な生産性の視点からの肥沃度としてだけ認識されることが多くなってしまった。そして、肥沃度を高めるための方策が、主として外部資材の導入という形で推進されることになった。

しかし、大規模な自然改変を伴う土地基盤整備が各地で実施され、各種の化学肥料や土壌改良材や土壌消毒剤が潤沢に出回り、近代化技術が開発普及し、農家にも経済力がつき、短期的な生産性が強力に追求されるなかで、貧栄養を農地の標準的あり方としたうえで、さまざまな努力の積み重ねの上に肥沃度向上を展望するというあり方は過去のものとなっている。むしろ、資材多投入による過剰栄養、富栄養、環境負荷、環境汚染が農地の一般的状況となってしまっている。そうしたなかで、自然財の側面を基礎においた経済財としての農地のより良いあり方は、かつてのような肥沃度向上ではなく、過剰栄養除去も含む自然地としての原型的あり方の回復が時代的な課題となっている。

肥沃度向上が共通した社会的課題となっていた時代。そこでは自然地としての農地への認識は生物的多様性はあったとしても貧栄養の痩せた土地だというものであり、経済財としての農地は、そこから離れて、化学肥料や土壌改良材を多投した人工的農地をめざすというあり方が追求されていた。しかし、現在ではより良い農地についての社会的認識状況はすでに大きく旋回しているのだ。

より良い農地のあり方はこれからの持続型社会の基礎条件であり、そこでは豊かな自然財と豊かな経済財とが融合したような農地のあり方こそが求められている。しかしいま、耕作放棄地をめぐる社会的論議において、さらには農地法等の農地制度改革に関する議論においても、農地のあり方についての自然性の回復という視点はほぼまったく欠落したままである。

地代論においては肥沃度の差異が地代を産み出すと説明されてきた。しかし、単なる肥沃度の向上ではなく、農地とその周辺に多面的な自然性を取り戻すことが社会的課題となっている今日の状況を地代論はまだ内部化できていない。地代論には自然地、そして農地の基盤となっている自然性への認識が組み込まれておらず、今日の農地問題を時代的視点から考察する社会科学理論としては著しく立ち後れた貧弱なものとなってしまっている。

（４）農地の自然地への回帰はかつて普通の農法としてあった

農地の耕作利用は農地のストックとしての自然的性能を消耗させていく場合が多い。ことに近代農業の技術論は、農地の自然的性能に無頓着であったから、この傾向は顕著だった。農地は使えば使うほどよくなるのが農法の理想だが、現実はその逆である場合が多く、したがって農法には、必ず、ストックとしての自然的性能の回復、かつての概念で端的に言えば地力の回復のプロセスが内包されていた。

地力回復技術の内容はもちろん多様だが、その基本は、堆肥等の形での林地等からの地力の補給（移転）と休閑や緑肥栽培等による地力の内部的回復の二つである。いずれも自然的性能の回復は自然力に依存して進められるということである。なかでも休閑は手間をかけない地力回復のもっとも有力な手法だった。しかし、多くの場合、農地面積には限りがあり、休閑による時間をかけた地力回復には依り難いので、堆肥施用による土づくり、あるいは合理的輪作といった手法が工夫されることになる。

さらに振り返れば、焼き畑という農法も普遍的なものとしてあった。筆者が暮らしている関東で言えば30～40年程度のサイクルで林地と農地の交互利用の仕組みが焼き畑あるいは切り替畑として普通に実施されていた。農地利用は3～4年で、無肥料、無除草、散播で、ソバ、大豆、陸稲などが栽培されていた。焼き畑地の常畑化にはさまざまな困難が伴い、簡単なことではなかった。常畑化した後にも時折、休閑して土地の回復が図られることもあった。

土壌の肥沃性の基本は森林土壌の性状である。日本のような湿潤温帯地域では、農地も含む国土の土壌形成は森林での土壌形成が基礎となっている。草木の枯れ葉、枯れ枝が地表に累積し、そこに地の虫やミミズなどが生息し、土壌は表層からつくられていく。また、地中には根が伸びて、根のまわりに微生物や線虫などが生息し、深さのある土壌が形成されていく。

こうした諸点を振り返れば、農地と自然地の相互性の深さが見えてくる。耕作放棄によって農地が自然地に戻っていくことは、決して土地劣化、国土劣化ではないことは理解していただけるだろう。農地の自然地回帰は、とりあえずは草本と灌木等によって構成される藪地の形となる。農村の自然において藪地の意義はたいへん重要だと思われるのだが、藪地のあり方についての多面的研究はまだほとんど手がけられていない。

（5）耕す市民たちの登場――農地や自然地に向き合う人々

耕す農民が激減する一方で、いま耕す市民が確実に増えている。「定年帰農」はサラリーマンの一つの理想とされるようになり、子育て最中の若い夫婦も、子育ての山を越えた熟年世代でも、家庭菜園の人気は高まっている。さらには農業への脱サラ転業者も珍しい存在ではなくなっている。おおよそ1980年代以降のことで、いまその流れはより顕著になっている。そこに単なる経済行為を超えた農の復権への国民的思いの広がりを見ることができる。

農耕文化の流れが基盤とされてきた日本では、耕すことは人が生きることの基本とされ、農家、非農家を問わず、それは人のあたり前のたしなみとされてきた。古代の頃、農耕から離れて支配階級となった天皇家やその周辺の貴族たちも、そしてその後の時代の武士たちも、文化としての農耕からは離れられず、家内伝承としても農耕祭事は堅持されてきた。農耕をないがしろにすれば結局は支配者としての地位を追われることになった。

そうした日本にあって、農耕が人々の暮らしの場からほぼ完全に消滅していったのは、戦後の高度経済成長期以降のことだった。長い歴史の中で、多数は常に耕す人々だったのだが、この時期以降、国民のなかで耕す農民の比率は極端に減少し、現在では農業就業者は全就業人口の４％にまで下がってしまった。

農耕の主目的は食べものの生産にあり、分業社会においては、それは主に経済行為として、さらには産業として営まれてきたが、農耕は言うまでもなく単なる経済活動ではなくそこには多面的意味があった。そうした農耕を単なる経済行為、産業活動に純化させることを宣言したのが１９６１年の農業基本法であった。それ以降、農耕のもつ経済や産業以外の意義が疎んじられ、農耕は農業に収入源を求める農業者だけの営みとされるようになり、近代化へと邁進する都市市民の生活からは、農耕も自然もほぼ消滅させられてしまった。

効率性と経済性だけが最大限に尊重される近代的都市生活はしかし、「東京沙漠」と揶揄《やゆ》されるように、人間の暮らし方としては極端な疎外形態と言わざるを得なかった。草花の人気、園芸ブーム、ガーデニングブームなどは、それへの本能的な自己防衛とも理解でき、その流れはいま「耕す市民」へと展開し始めている。耕すことを意識する市民たちにとって庭や公園だけでは満足できず、その実践は農耕へと向きつつあるが、その先には自然回帰、風土文化の回復があることは明らかである。耕すことを通じての自然との共生、自ら耕し育てた食べものを食べることによる内なる自然の回復、そして風土的生活文化の再獲得、それが彼ら、彼女らの共通の思いとなってきている。

農地についての現在の法制度（農地法等）においては、農地は耕す農民が所有し、利用することを基本原則としており、耕す市民の広がりは想定されていない。そのため非農家市民が耕す希望をもったとしても耕す土地にアクセスできにくいという制度的問題が立ちはだかっている。こうした事態に対応するための制度改革も始められており、市民農園の形で市民が農地を耕す道も開かれてきている。しかし、市民農園の枠組みは狭く、地域自然との距離も大きく、耕す市民たちの志に十分に応える制度とはなりきれていない。

そうしたなかで耕す市民たちが共通してアプローチし始めた領域として耕作放棄地の再生活動がある。耕作放棄地再生の基本的道筋は、自然共生型の農耕の創造であり、それは耕す市民たちの志とよくマッチしている。法制度や政策としてはまだ未整備な領域ではあるが、耕作放棄地再生への市民の取り組みは広がっている。

（6）耕作放棄地をとおして社会が農地と向き合う

以上、耕作放棄地問題について気にかかることをいくつか述べてきた。経済成長とグローバル化へと突き進む時代の破綻が明らかになるなかで、環境、自然、食、農業、農村、地域などの大切さへの社会的関心も高まっている。そうした新しい流れの先に、改めて社会が農地、そして土地についてしっかりと考え直していくことが大きな課題となっているのではないか。土地についての今日の社会での一般的イメージは恐らく「バブル化した不動産」ということでしかないのだから。

転用規制を一応の前提とした今回の農地法改正に関する論議では、もっぱら農地は農業生産に利用すべきだとされ、農地の経済財としての有効利用方策だけに焦点があてられ、農地の自然性にはまったく関心が向けられていなかった。土地は人が造ったものではなく、自然の所産である。突き詰めてみれば自然の本質的存在は土地を措《お》いてはあり得ない。そして土地にとってもっとも大切な属性は土壌なのだ。これらの認識は、環境論がこれだけ語られる今でもあたり前のものとはなっていない。

私的所有と貨幣経済が社会的ルールのもっとも基本とされ、土地の恵みを受けた農業も、暮らしも、食も、すべてがこの二つの原理の下で仕切られるようになっている。しかし、もともと土地は誰のものでもなかったし、土地はたくさんの恵みを人々にもたらしてくれた。人が拓いた農地や周辺の林地についても、「入会《いりあい》」などの形をとってみんなの土地として利用されていた時代も長く続いていた。農地が自然地に戻ることも多くあったし、今でも、神社やお寺には神様のためのみんなの農地が遺されている例もある。

土地の不動産価値が異様に高まる中で、土地や農地の多面的あり方を考え、追求しようとした時に、私的土地所有の壁は超えがたく高かった。自然の土地、みんなの土地というあり方を求めようとした時に、高くそびえる私的土地所有の壁はどうにもならない障害となってきた。

そうした今日の社会状況のなかで、耕作放棄地の広範な広がりという今日の事態には、ある種の風穴となる可能性があるように思われる。耕作放棄地はとりあえず経済的メリットを生みそうにない土地であり、所有者にとって扱いかねている土地であり、したがってその土地への私的所有意識のあり方にも変化が生じてきているように思われるのである。

耕作放棄地が、それほどの手間もお金もかけずに、心地よい自然地として再生し、そこが地域コミュニティの拠り所になっていくとすれば、農地所有者である農家の多くはそのことを否定することはないように思われる。耕作放棄地が、耕す市民たちの手で、自然地と農地が融合していくような形で耕されていくことに理解を示す土地所有者である農家も少なくないのではないか。耕作放棄地での市民耕作は、汗を流して自然の恵みをいただく自給的行為であり、それは市場経済的行為ではないのだから、市民耕作に対して農家が高い地代を要求するということもなくなっていくのではないか。

今日の耕作放棄地問題が、上述したような農家も非農家も人々がみな農地の保全に向き合うという方向へと推移していくかどうかはわからない。それは希望的観測にすぎず、そうはならない可能性も大きいだろう。しかし、望むべき時代の課題として、筆者はこうした展開を強く期待している。

【注記】
本付章1のテーマについては次の拙稿でも同様の持論を記している。併せてご参照いただきたい。
中島紀一・五月女忠洋・田上耕太郎・藤枝優子・竹崎善政・鈴木麻衣子「耕作放棄谷津田の復田過程に関する研究――茨城県阿見町上長地区うら谷津における実践事例報告」『有機農業研究年報』第6巻、コモンズ、2006年
中島紀一編著『地域と響き合う農学教育の新展開』筑波書房、2008年、第4章第4節

中島紀一「耕作放棄地の意味と新しい時代における農地論の組み立て試論――農地の自然性を位置付け直す――」農業問題研究学会編『土地の所有と利用』筑波書房、２００８年、第2章
中島紀一「霞ヶ浦の水源地としての谷津田の構造と保全」『霞ヶ浦研究会報』第11号、２００８年
中島紀一「耕作放棄地に耕す市民たちが集う――自然共生型地域づくりへの胎動」『住民と自治』２００９年11月号

付章2　原発事故と有機農業——農は土の力に守られた

1　なすべもない放射能汚染の継続のなかで

２０１１年3月11日午後、巨大地震が東日本を襲い、続いて巨大津波が太平洋沿岸に襲来した。津波は東電福島第一原発の防潮堤をはるかに超え、原発の全電源はダメになり、原発の冷却システムはストップしてしまった。３月12日には1号機で水素爆発が起こり建屋は崩壊し、13日には3号機、14日には2号機、４号機でも、爆発と建屋崩壊という事態となった。この一連の爆発で、建屋内にガス化して充満していた放射性物質が大量に外部に噴出してしまった。噴出した放射性物質は、空気中の塵などに付着し、風で拡散し、雨や雪で地面に沈着した。15日、20日、21日の雪と雨による降下、沈着がとくに強烈だった。放射能汚染地域は東日本全域に広がってしまった。この一連の爆発で環境に放出された放射性物質の総量は東電の推計では90万テラベクレルとされている（2012年5月24日）。しかし、寸前で炉心爆発は免れたため、ストロンチウムやプルトニウムの放出はほとんどなかったようで、建屋爆発で大気中に放出された放射性物質はヨウ素131、セシウム134、セシウム137にほぼ限定されていた。

それから一年余が過ぎた。震災と津波の被災地も原発事故の被災地も、その多くは漁村であり、農山村だった。復興が叫ばれてはいるが、被災地の現実はまことに厳しく、災害の痛手から立ち直り、明日に向かっての態勢を整えるにはまだまだ時間が必要なようである。それでも、津波被災地についてはそれなりに復興への歩みが見え始めていると聞くが、原発被災地では、依然としてなすすべもない状態が続いている。ことに漁業、漁村は海の汚染がどうにもならず、ほぼ壊滅の状態のままとなっている。

農村地域の場合も、被災地の多くは山村で、田畑だけでなく広大な林野にも放射能は降り注ぎ、対処のしようもないような被災状況が広がっている。放射能汚染の強さの分布は当時の複雑な気象条件によって規定されかなりのバラツキがあるようだが、まだその詳細な全容は把握され切れておらず、これからその汚染がどのように推移するのか、汚染のこれからの動態については予測の方法すら見つけ出されていない。

放射性ヨウ素は半減期8日間なので、2011年4月はじめ頃にはほぼ汚染は解消したが、放射性セシウムは、セシウム134の半減期は2年、137の半減期は30年であり、出てくる放射能が10分の１に減るには１００年ちかくはかかるという物理学的事実の前で、地域の放射能汚染はどうにもならない状態として継続している。除染、除染と勇ましいスローガンが掲げられ、膨大な予算がつぎ込まれ始めているが、その実態は汚染を別の場所に移す「移染」にすぎず、剥ぎ取られ、削り取られた膨大な汚染土等の置き場の見通しすら立っていない。結局は地域全体から見れば局所的な「移染」でしかないことは明らかである。

2　農は耕すことで復興への道を拓きつつある

しかし、そんななすすべもない汚染の現状のなかで、農業に関しては汚染された田畑を耕すことで、農作物には放射能がわずかしか移行しないという結果が生み出されている。これは、本書の主題である農業技術論にも深く関連した驚くべき成果である。

原発事故による放射能汚染で強く心配されたことは、放射能による直接の健康障害、放射能による環境汚染、放射能による食べもの汚染、の三点だった。

直接の健康障害の問題については建屋爆発後１～２か月の時期の被害がとくに問題となるが、国も自治体もその実態把握すら組織的に行なっておらず、状況は不明のままである。ただ現地での聞き取りでは当時、屋外作業をしていた農家のなかには体調不良を自覚した人はかなりいたようである。

環境汚染の問題については右に述べたとおりであり、里山等に沈着した放射性セシウムは、いま山

○ 2012 年 3 月までの暫定規制値

食品区分	暫定規制値（Bq/kg）
野菜類	500
穀類	
肉・卵・魚・その他	
飲料水	200
牛乳・乳製品	

→

○ 2012 年 4 月以降の新基準値

新食品区分	新基準値（Bq/kg）
一般食品	100
飲料水	10
牛乳	50
乳児用食品（新設）	

図付 2−1　食品中の放射性セシウムの暫定規制値と新基準値

野の生きものの循環的生態系のなかに取り込まれてきている。

食べものへの放射能汚染の問題もまた長期にわたる深刻な事態になると強く懸念された。事実、事故当時の３月、４月に被災地の農地にあったホウレンソウ、シュンギク、カキナなどの野菜類から高い濃度の汚染が検出され、また原乳からも基準値を超える放射能が検出され、出荷、流通停止の緊急措置がとられた。食べものの放射能汚染についての基準値は設定されていなかったので、国は３月17日に、野菜類、穀類、肉・卵・魚・その他は５００ベクレル／kg、飲料水と牛乳・乳製品は２００ベクレル／kgという暫定規制値を設定した。この暫定規制値は科学的根拠があいまいで甘すぎるとの世論の強い批判があり、２０１２年４月１日からは一般食品は１００ベクレル／kgなどのより厳しい基準値を正式に設定して現在に至っている（図付２−１）。

基準値オーバーの農産物はその後も麦類、マメ類、果樹などで発見され、またシイタケなどのキノコ類はかなりの頻度で暫定規制値を超える事例が見つかり、その都度当該産地のものについては出荷、販売禁止の措置がとられてきた。また事故後1年余を経た現在でもキノコ類だけでなく野山で採取した山菜やタケノコなどで暫定規制値あるいは新基準値を超えるものが散見されている。

しかし、原発事故後に田畑を耕し、種を播いて育てた農産物については、作物への放射能の移行はわずかで、検査をしても検出下限値以下（ND）という事例がほとんどとなっている。図付2−2に福島県の2011年産米の放射能検査の結果（農水省資料）が示されている。98・4％が50ベクレル／kg以下、90・4％が20ベクレル／kg以下という結果であった。表付2−1には2012年1月段階での野菜と牛乳、牛肉の検査結果（厚労省資料から朝日新聞が集計）が示されている。野菜類では94・3％が検出限界未満、4・5％が新基準値の100ベクレル／kg以下、新基準値を超えていたのはシイタケのみで7事例にすぎなかった。表付2−2は福島県のホームページに随時掲載されているモニタリング検査結果（2012年

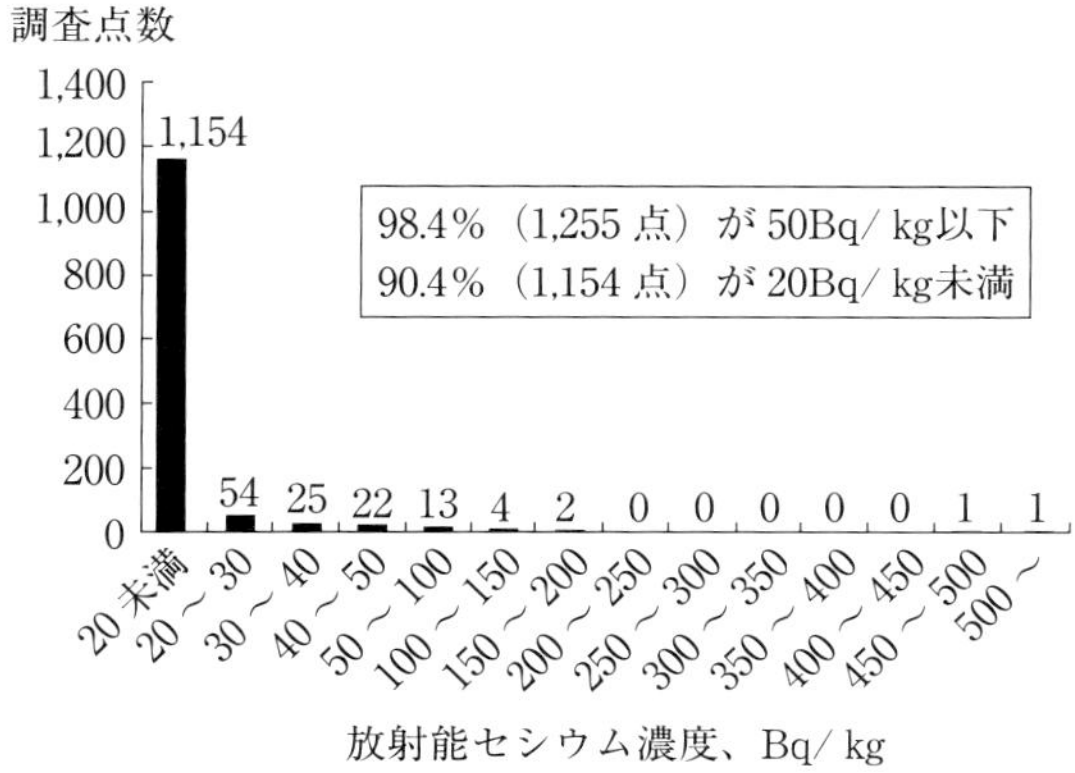

図付 2−2　米の調査結果（福島県：1,276 点）

注：2011 年 11 月 17 日までに厚生労働省が公表したデータに基づき作成。放射性セシウムの当時の暫定規制値は、500Bq/kg。（農水省資料）

表付 2-1　1月の主な農産物の検査結果
（厚生労働省発表資料から集計）

品目	検査数	検出限界未満	1kg 当たり 100Bq 以下	100Bq 超～ 500Bq 未満	500Bq 超
ホウレンソウ	71	69	2	0	0
ハクサイ	71	67	4	0	0
イチゴ	65	65	0	0	0
ネギ	51	51	0	0	0
ダイコン	47	42	5	0	0
リンゴ	47	47	0	0	0
ニンジン	41	41	0	0	0
シイタケ	38	17	14	6	1
トマト	34	34	0	0	0
コマツナ	28	28	0	0	0
ニラ	25	25	0	0	0
カブ	21	21	0	0	0
ゴボウ	21	21	0	0	0
レンコン	20	18	2	0	0
キャベツ	20	20	0	0	0
牛乳（原乳、生乳、加工乳含む）	249	231	18	0	0
牛肉	10,438	10,281	140	16	1

（2012 年 2 月 15 日「朝日新聞」より）

2月27～29日測定分の一部）から抜粋したものだが、ここでは検出下限値はおおよそ10ベクレル／kg程度で検出精度はかなり上がっているが、1例以外はすべて下限値以下となっている。

これらの検査データは当初の食品汚染への危惧からすれば驚くべきものである。もちろん危険はすべて解消したというわけではないが、原発事故による放射能汚染に関する他の領域の状況と対比すれば、驚くほどすばらしい成果であった。

農地は確実に放射能の汚染を受けているのだ。にもかかわらずその後耕し種を播いて育てた農産物

表付2-2　緊急時モニタリング検査結果について（福島県／野菜・果実）

放射性セシウム84品中
100Bq/kgを超えるもの0品

2012年7月10日公表分

No	場所	採取日時	試料の種類	測定結果 セシウム-134 (Bq/kg)	セシウム-137 (Bq/kg)	合算値 (Bq/kg)
1	福島市	H24.7.6	トマト（施設）	検出せず（<3.0）	検出せず（<3.3）	検出せず
2	福島市	H24.7.6	トマト（施設）	検出せず（<2.6）	検出せず（<2.3）	検出せず
3	福島市	H24.7.6	ナス	検出せず（<4.1）	検出せず（<4.1）	検出せず
4	福島市	H24.7.6	ニンジン	検出せず（<4.0）	検出せず（<3.2）	検出せず
5	福島市	H24.7.6	タマネギ	検出せず（<5.1）	検出せず（<4.4）	検出せず
6	福島市	H24.7.6	タマネギ	検出せず（<5.2）	検出せず（<4.2）	検出せず
7	福島市	H24.7.6	タマネギ	検出せず（<4.8）	検出せず（<3.1）	検出せず
8	福島市	H24.7.6	バレイショ	検出せず（<4.3）	検出せず（<3.9）	検出せず
9	福島市	H24.7.6	バレイショ	検出せず（<3.3）	検出せず（<4.1）	検出せず
10	福島市	H24.7.6	バレイショ	検出せず（<3.8）	検出せず（<4.1）	検出せず
11	福島市	H24.7.6	バレイショ	検出せず（<5.3）	検出せず（<3.9）	検出せず
12	郡山市	H24.7.9	オカヒジキ	検出せず（<8.0）	検出せず（<6.4）	検出せず
13	郡山市	H24.7.9	ピーマン	検出せず（<5.3）	検出せず（<4.4）	検出せず
14	郡山市	H24.7.9	ピーマン	検出せず（<5.7）	検出せず（<5.2）	検出せず
15	郡山市	H24.7.9	サヤインゲン	検出せず（<5.2）	検出せず（<5.7）	検出せず
16	郡山市	H24.7.9	キュウリ	検出せず（<3.6）	検出せず（<3.3）	検出せず
17	郡山市	H24.7.9	トマト（施設）	検出せず（<3.2）	検出せず（<2.5）	検出せず

からは放射能はわずかしか検出されていないのである。とても不思議なことである。理由としては、①作物が積極的に放射能を吸収しないように生きた、②土が作物への放射能の移行を強く抑制した、という二つのことが想定できる。

前者については、セシウムを溶かした培養液で水耕栽培するとセシウムは見事に作物に移行するという実験結果も得られつつあるようなので、一般論としてはあまり考えられない。放射能汚染を避けるために品目や品種の選択が重要だとの見解がチェルノブイリ等の経験から語られることがあるようだが、今回の福島原発事故の経験からすれば、とりあえずは作物間、品種間の吸収特性の差異は問題にならないと考えるべきだろう。事故後に耕し種を播いた作物についてはどの品目でも、どの品種でも、放射能はほとんど検出されていないのである。また、カリとセシウムは植物生理学的には類似の特質があるためカリ欠乏の土壌ではセシウムを吸収しやすいとされ、対策技術としてもカリ施肥が奨励されている。しかし、恐らくセシウムを多く吸収してしまうほどのカリ欠乏の田畑は被災地にはあまりなかったものと思われる。

とすれば放射能の作物への移行を抑制しているのは土自身の機能によるということになる。事故後1年の被災地農業の実際から導かれる結論は、①土には放射線遮蔽についてすばらしい効果がある、②土には放射性セシウムの吸着・固定のたいへん強い機能があるという二点なのだ。

土のガンマ線の遮蔽力は30㎝でほぼ100%、20㎝程度でも70~80%という効果が確認されている。したがって耕耘することで（土の表層にごく薄く沈着していた放射性セシウムは耕耘で土中に埋め込まれたため）、地表の線量は大幅に低下する。事実、被災地のどこを歩いても田畑での線量が一番低い。

土によるセシウムの吸着は、他のイオンと同じような電気的吸着が主だと考えられている。プラスに荷電されたセシウムがマイナス荷電の土（粘土や腐植など）に吸着される。放射性セシウムはそこから発せられる放射能は強烈だが、物質量はきわめてわずかであり、作土はセシウムを吸着する十分な容量を備えていると考えてよいようだ。また、粘土の種類によっては粘土の結晶層の隙間がセシウム粒子と同じくらいで、ここにセシウムが入り込むと容易には外に出なくなる現象があるらしく、これがセシウムの土壌による固定だとされている。福島の被災地である阿武隈山系は花崗岩地帯で、花崗岩が風化してできた粘土にはセシウム固定能の高い2・1型鉱物が多いことも幸いしたのかもしれない。

現在の時点での農産物の測定データから判断すれば、土の力はたいへん大きく、これに依拠していけば被災地での農業復興の可能性は見えていると判断できる。

もちろん楽観はできない。事実、例は少ないが予測を超えてセシウムが検出される農産物もある。なぜそのような事例が出てくるのか。それぞれの事例の個別的特質を明確にし、しっかりとした調査と解析の継続が必要だろう。

農産物からなおセシウムが検出される事例は、地域の放射能汚染レベルがきわめて高い地域である場合、周辺の環境等からの追加汚染がされている場合、あるいは土壌―作物根というミネラルの吸収経路とは違ったメカニズムをもっている作物である場合、のいずれかであるようだ。

第一の、放射能汚染レベルがきわめて高い地域については、そのほとんどは警戒区域、計画的避難区域などに指定されており、それらの地域では農業はできなくなっている。高濃度汚染地域についてのこれまで得られているデータは、警戒区域等の指定のない地域内のいわゆるホットスポットのものに限られており、右に述べたような土の力がこうした地域においてどのように機能するのかの知見はまだ十分には得られていない。営農が制度で禁止されている地域についても、耕耘、耕作は営農再開の条件づくりとしてたいへん有効だと思われる。そのプロセスで地域の放射能汚染のレベルと作物への移行の関係がもっと明確に解明されていくものと思われる。放射能レベルが下がってからの営農再開ではなく、放射能レベルを下げていくための営農再開というあり方には重要な意味があると考えられるのである。

第二の、周辺環境からの追加汚染については、被災地の多くは山村であり、周辺の林野の放射能汚染はそのままであり、今後もかなり多くの地域で懸念される問題である。追加汚染の経路についてはまずは林野等からの流出水が心配される。ただ、現在までの調査結果では、水そのものへのセシウムの溶出はわずかであり、セシウムは水に含まれる懸濁物質、ゴミ類に付着していることが示唆されている。とすれば、懸濁物質等を沈殿除去したり、フィルターで除去したりすることで追加汚染はある程度防止できるのだろう。また、周辺環境からのセシウムの流出は大雨時に集中的に生じていることも観測されている。大雨時の出水が田畑に流入しないようにする対策も必要だろう。

第三の、土―作物根以外のミネラル吸収経路については、キノコ、タケノコなどがそれに該当する。キノコは木の表面や地表に菌糸を広げ、竹も根系は地表に伸び広がり、マット状になり、地表に付着し、まだ流動性のあるセシウム（すなわち土に吸着・固定されていないセシウム）を吸収しやすいのだろう。ここでは放射性セシウムを吸着、固定する土の力は及びにくいと推定されるのだ。

3　食事からのセシウム摂取もわずかなレベル

以上紹介したことは、土にはセシウムはあるのに、農産物にセシウムはわずかしか移行していないという驚くべき事実である。しかし、食の安全性問題はそれでは終わらない。最終的に人々が日々の食としてどの程度の放射性物質を摂取しているのかが問われることになる。この問題について現実の食事の実態調査も手がけられ始めている。早い時期の測定としては京都大学と朝日新聞が２０１１年12月に実施した共同調査がよく知られている（「朝日新聞」１月19日付け）。その調査では福島県26人、関東圏16人、関西圏11人の１日の食事から摂取した放射性セシウムの量が測定されている。福島での最大値は17・３ベクレル、中央値は４・01ベクレルだったとされている。

同様の調査は地域生協等でも実施されるようになっている。ここではコープふくしまによる組合員１００家庭についての「陰膳方式調査」の結果（陰膳方式とは各家庭で実際に摂取した食事と同じものをもう一人前多くつくってもらい、収集して科学的分析を行なうこと。調査期間は２０１１年11月

〜２０１２年３月）を以下に紹介しておこう。前記の京都大学・朝日新聞共同調査結果は食事全体のベクレル数で示されているが、コープふくしまの調査の結果は食事１００g当たりのベクレルで示されている。

コープふくしまの陰膳調査結果の概要

（ａ）１００家庭中、１kg当たり１ベクレル以上のセシウムが検出されたのは10家庭あった。（他の90家庭は放射性セシウムが含まれていたとしても１kg当たり１ベクレル未満であった）

（ｂ）もっとも多くの放射性セシウムを検出した家庭の食事に含まれるセシウム１３７とセシウム１３４の合計量は１kg当たりそれぞれ６・７ベクレルと５・０ベクレルだった。この量は、１００家庭いずれでも検出されている放射性カリウム（カリウム40）の変動幅（１kg当たり15ベクレル〜58ベクレル）のほぼ４分の１程度だった。

（ｃ）セシウムが検出された家庭で、仮に今回測定した食事と同じ食事を1年間続けた場合の放射性セシウムの実効線量（内部被曝量）を計算すると、年間合計約０・02ミリシーベルト〜０・14ミリシーベルト以下となる。

今後こうした調査がもっと大量に継続的に実施されることが期待されるが、ここで紹介した二つの調査結果からすれば、福島県内についても放射性セシウムの食事からの摂取量は危惧されていたよりもかなり低いレベルに止まっているようだと判断される。食材となる農産物のセシウム量が少ない、それに加えて調理加工によってセシウム量はさらに減っていることが推定されるのである。さらに、コープふくしまの調査では放射性のカリウム40の摂取量も測定しているが、自然放射能のカリウム40の摂取量のほうが放射性セシウムよりもずっと多いという現実もあるようだ。

今回の原発事故による内部被曝が強く懸念されてきているが、原発事故の現実の中で、そのことを考えていくにあたっては、これらの食事調査の結果はしっかりと踏まえられるべきだろう。

4　食べものの安全性をめぐる論議の亀裂

放射能による健康被害（放射能の毒性）については、低線量なら安全ということはなく、絶対的安全値は設定できないと考えられている。いわゆる閾値《しきいち》はないという特殊毒性の領域なのである。また、体への被曝の影響は、放射能の強さだけでなく被曝の時間や被曝する体の場所が問題となる。食べものなどから摂取された放射性物質は体内に留まる間は放射能を出し続ける。また、留まる体内の場所によっては、とくに重要な生殖器官や脊髄等への被曝を強める可能性がある。この点で、放射性ヨウ素は甲状腺に蓄積し、ストロンチウムは骨に蓄積し、体内滞留時間が長く、体内被曝という面では強い深刻さを有している。それに対して今回の事故での、現在の放射能汚染の主なものは放射性セシウムで（事故当初は放射性ヨウ素による被曝も深刻だったが、半減期は8日と短く、現在問題となる放射能汚染はほぼセシウムに限定されていると判断できる）、セシウムは体内の特定の器官等への蓄積は少ないとされており、体内滞留時間は大人で100日程度、幼児では1週間程度であって比較的短い、すなわち代謝性が強いという特質があるとされている。

食べものによる低線量内部被曝の怖さが強く語られている。この主張は一面では正しくはあるが、広範に放射能汚染が広がってしまっている現実の中では十分に正しいとは言えない。それぞれの地域でどのように食べ、どのように生きるのかについての現実的方向性は、この恐怖の認識だけからでは出てこない。

例えば、これまで述べてきたように今回の事故後の経過の中では、耕すことで土の力が発揮され、農作物への放射性セシウムの移行はわずかに止まっており、現実の食事からの放射性セシウムの摂取はごく少ないという事実の受け止め方についても、低線量内部被曝の恐怖感からだけでは、それでも少量であっても摂取は拒絶したいという判断しか出てこない。

例えば次のような主張もされている。

「放射線の影響はこれ以下なら安全という量、閾値がありません。どんなに微量でも影響があり、DNAを傷つけ、がんや突然変異を誘発します」

「生殖細胞が傷つくとそれが子や孫の代に傷が受け継がれていきます。ですから妊婦さん（生殖細胞は胎児のときにできる）から生殖年齢の人たちは、微量でも放射性物質を浴びないようにしなければばいけません」

「セシウムは母体から胎盤を通過し胎児へ移行します。胎児は放射能にきわめて弱いですから、妊婦さんもとくに配慮が必要です」

「ですから放射能に汚染された食品は、原則として出荷・販売させてはいけないし、これを飲食してはいけないのです」

「汚染のあるものを基準以下ならと流通を認めるのは、放射性汚染物質の取り扱いとして根本的に間違っています」

「放射性物質は希釈、拡散させたら管理不能であり、日本は被曝列島になってしまいます」

「いま、もっとも大切なことは汚染地での生産をさせない、汚染のあるものは流通させないことです」

「福島で学校給食に地産地消をうたって地場産を出し続けるというところがあると聞きますが、傷害罪に当たる行為です」

原発事故から1年が経過したいま、こうした主張に接してみると、一面の正しさは認めるものの、食べものについての社会的認識としてはたいへん不十分なものだと感じてしまう。有機農業の食べもの論はこうしたものではないだろう。以下、気づいた点を列記してみたい。

まず第一に、こうした食べもの認識には「いのちの恵みをいただく」という視点がみられないことを指摘したい。放射能に汚染された農産物にもいのちがあり、それはいのちの産物である。汚染された農産物にはいのちの苦悩がある。それを汚染物として簡単に切って捨てることはできない。放射能汚染を作り出してきたヒトも避けがたく放射能に汚染されており、農産物と同じ地平で生きている。こうした苦悩の感覚がこれらの主張には感じられない。

共生には喜びだけでなく哀しみもあり、ヒトには自然をこれほど激しく壊してきてしまったことへの深い自戒もあるはずだ。それを直視することは長い時代に自然と共に生きてきた先輩たちへの悔悟の告白であり、次の時代を生きていく子どもたちへの悔悟の宣告でもある。しかし、太古の時代を生きてきた祖先たちからは、放射能は自然の一つの要素であり、ヒトは他の自然と共にそこで生きてきたという事実を教えられるようにも思える。

第二に、この食べもの認識には「食べものは農から産み出される」という視点がみられないことを指摘したい。放射能汚染は農の側から作られたことではない。それは都市と工業の文明の産物であり、農の側にはほとんど責任はない。放射能汚染は食べものを産み出す農を汚し壊してしまった。そのことをどうするのか。農はその中でもその土地に踏みとどまり土の力に支えられて、農産物のいのちに支えられて懸命に生きようとしている。そのことと都市に生きる消費者はどのように向き合うのか。汚れた農はなくてもよい、それは汚染を拡散させるものだなどと切って捨てることが許されるのか。

第三に、ここにはヒトは土地に生きる、これまでも土地に生きてきたし、これからも土地に生きていくというヒトの生についての根本認識が欠けているように思える。アメリカのそしてオーストラリアのさらにはビキニ環礁の核実験地域で被曝しながら、それでもその地で生きてきたネイティブアメリカン、アボリジニー、そしてポリネシアの人々の苦悩の心をこの意見では見つめようとしていない。雑食性で環境適応能に優れたヒトは、長期的には新しい土地を求めて移動することも一つの特質としてきたが、その前提には生きものとしての定住性が本源的なこととしてあるのだ。被災地で農の営みを止めずに続けている農家の実践は、そこに通じる何かを私たちに教えてくれているように思われる。

有機農業の技術論において、食べもの論は重要な領域の一つなのだが、今回の原発事故は、その点についての新しい認識の深化を私たちに求めているように思われるのである。

5　原発事故は地域と暮らしを壊した

これまでは原発事故の直接的被害として放射能汚染について述べてきたが、もちろんそれに起因はするのだが、原発事故の重大な被害として地域と暮らしが壊されてきていることについても独自の問題領域として考えるべきだと思われる。それは有機農業技術論にも深くかかわる問題なのである。

原発事故によって、まずはその周辺地域から、続いて20km圏内から、全ての住民は強制退去させられた。その後、当時の風雨の状況から放射線量がとくに高くなってしまった飯舘村などの市町村が計画的避難区域に指定され、事実上の強制退去の対象となった。さらに強制措置はとられなかった地域でも、かなり多数の人々が安全を求めて各地に避難した。強制退去区域の住民については、集団的避難先が設けられ、避難所、仮設住宅など、避難者たちはある程度集団的に行動することができた。しかし、それ以外の地域での自主避難については、個々の判断と条件による避難となり、集団性は薄かった。要するにバラバラに避難したというのが実態だった。強制避難地域の避難にはある程度の集団性があったと書いたが、その場合でもそれは集落的な連携での組織的避難ではなく、仮設住宅への入居も、避難以前の地縁性等はほとんど考慮されなかったようである。

20㎞圏以内の警戒区域については、2011年4月21日に立ち入り禁止措置がとられ、生活も営農も強制的に禁止されることになった。農家は地域を失い、土地から引き離され、農の営みはできなくなってしまった。警戒区域内の農家の倉庫には当然のこととして米やイモなどの食べものが備蓄されていたが、それらの食べものの持ち出しも禁止された。長年耕してきた農地とつながった食の自給もここで断ち切られてしまったのである。

優れた有機農業者として私がかねてから尊敬していた南相馬市小高地区のNさん（75歳）も、警戒区域指定で退去を余儀なくされ、無念の思いで、まずは会津に、そしてその後は相馬市に家族で避難した。Nさんにとって避難生活で何より辛かったことは、季節がめぐり来ても、田畑で農業ができないことだったと語っていた。足をもがれた蟹が前に進みたくて泡を吹き出しながら、でも進むことができずもがいているような苦しみだと彼は語っていた。立ち入り禁止措置がとられる前にトラクタなどの農業機械類のグリスアップをすませ、燃料を抜き、戻ればいつでも耕すことを再開できる準備をして彼は家を後にした。その後、数回短時間の立ち入りが許されたことがあったが、その時も彼は、保存してある種籾を点検し、機械のエンジンをかけてその調子を確かめることを怠らなかった。

１年後の２０１２年４月に、Ｎさんの地域は線量が低かったこともあって、強制退去の措置が解かれた。といっても家に居られるのは昼間だけで、夜には退去しなければならず、周辺の生活条件は回復しないというなかでの措置解除であった。しかし、Ｎさんはもちろん喜び勇んで家に戻り、早速、田畑に出て作業を再開した。

ところが周辺の仲間の農家らは必ずしもＮさんのようには行動していないようなのだ。やはり放射能の心配もあるのだろう。地域再生に関しての国や県の施策の動向をもう少し見定めてからという気持ちもあるのだろう。ここで営農を再開しても穢れた農産物の販売ができるのかの不安もあるのだろう。営農の先行きは全く見えないままなのだ。さらには補償取得と営農再開のバランスシートへの配慮もあるのだろう。いずれにしても一斉に営農再建という動きにはなっていない。地域の農家の仲間たちはＮさんと同様にその多くは高齢者であり、この機会に、離農、脱農に向かう人も少なくないのかもしれない。

強制退去は営農への心を壊し、地域の農の力を壊してしまいつつあるのだ。

このことは強制退去措置のとられなかった地域でも同様である。

須賀川市のＩさんは事故当時を振り返って次のように書いている。

「3月11日、あの忌まわしい大震災と原発事故から9カ月が過ぎました。

『ここから逃げる。逃げない』

『この野菜を食べる。食べない』

『窓を開ける。開けない』

『洗濯物を外に干す。干さない』

『孫たちと外で遊ぶ。遊ばない』

こんな日がどれほど続いたことでしょうか」

しかし、こうした迷いや苦悩はあったのだが、振り返ってみると強制退去措置のとられなかった地域では、ほとんどの農家は農を捨てず、２０１１年４月には耕し種を播き、５月には田に早苗を植えた。耕作放棄地はさほど広がりはしなかったのである。これはすごいことだったと思う。原発事故があり、地域が、農地が放射能で汚染されてしまってもなお、農家は耕し種を播くことを止めなかったのだ。

原発事故が地域を壊したという問題と併せてそれでもなお多くの農家は農を捨てなかった、そしてその農はすでに述べたように土の力で放射能汚染から守られた、ということの事実の意味を私たちは深く受け止めるべきだと思う。

もちろん農家の内部に立ち入れば状況は複雑である。家族に若い跡取りがいて、小さな孫たちも一緒に暮らしている農家では、若い家族は他地域に避難する、避難しない場合でも若い家族の食べものは地元産のものではなく、スーパーマーケット等で遠隔地産のものを買ってきて、別に調理し、飲み水もペットボトルの水で、という家の中での暮らしの分裂状態がごく普通に生まれていた。

被災地の中心である阿武隈山地の農家のほとんどは高齢者たちだった。放射能におびえ、悩みながらも、それでも農を継続したのはその土地で生き続けてきた高齢者たちだったのである。作物を育ててみても食べられるものは穫れないかもしれない。売ることはもっと難しいだろう。それでも高齢者が多くを占める地域の農家たちは、田畑を耕し、種を播き続けたのである。

零細な自給的農家が農業を止めたのではない。むしろ販売の可能性が見えず、立ちすくんでしまったのは規模の大きな若い働き手のいる農家たちだったようにも思える。

6　原発事故と有機農業

有機農業の農家たちもまた、耕し種を播くことを止めなかった。事故のあった２０１１年もまた、土づくりのために田畑に堆肥を入れることを止めなかった。結果としてこうした農の営みは土の力に守られたのだが、農の基本には土があり、農業技術の基礎に土づくりがある、そして農の原点は自給であると主張し続けてきたのが有機農業だった。有機農業のこの主張が、原発事故で試され、そしてその原理的正しさが検証されたのがこの1年の経過だったように思われる。

福島県の有機農業者の自主組織である福島県有機農業ネットワークでは、事故直後から連絡を取り合い、励まし合いながら営農継続の道を追求してきた。仲間たちが生産した農産物を東京に運んで直接販売する取り組みも続けられてきた。さらに、11月27日にはふくしま有機農業シンポジウム「ふくしまの循環型農業の再生のために──有機農業と原発は共存できない」を開催し、1月22日には「福島の農業再生に向けた技術検討会議」を開催し、3月24日、25日には「福島視察・全国集会　農から復興の光が見える！　有機農業がつくる持続可能な社会」を開催し、現地の実情と取り組みを踏まえて、原発問題を地域の問題、農の問題として捉えていく視点を提示し続けている。また、そうした取り組みを菅野正寿・長谷川浩編『放射能に克つ農の営み──ふくしまから希望の復興へ』（コモンズ、2012年）として報告している(1)。

田畑で生きる作物もまた放射能の被害者である。作物のいのちもまた放射能汚染の下で苦悩し、そして生き続けたのだと思う。地の虫も空を飛ぶ鳥も、そして山野の生きものたちすべてと同じなのだ。有機農業の技術論の第二の柱は作物のいのちを大切にし、そのいのちの力に寄り添って農の営みを進めるということにあるのだが、2011年の被災地の作物たちはそのように生き、そしてしっかりと育ってくれた。だからこそ有機農業の技術論は汚染された農産物を汚れたものとして捨て去ることはしないのだ。

現代という社会が生み出してしまった原発事故。その被害者は被災地の人々だけでなく、被災地の作物や自然でもある。放射能汚染の被害は長く続いていく。前にも書いたようにセシウム137の半減期は30年で、それが10分の1に減るには100年ほどはかかると計算されている。その長い時間を、作物や自然がなおそこで生きていくときに、その営みから農は何を学び、どのよう対処すべきかを私たちはしっかりと考えていかなければならないのだろう(2)。

【追記】

本付章の原稿は2012年7月に書いたものだが、その後も福島の農産物には放射性セシウムはわずかしか移行していないという驚くような状況は続いている。その点について『現代農業』2012年12月号に小文（「原発事故二年目の秋に――『福島の奇跡』は改めて検証されつつある」）を書いたので該当箇所を再録しておきたい。

「3・11大震災による福島第一原発の爆発事故で福島や北関東の広範な地域は深刻な放射能汚染を被った。田畑も例外なく汚染された。当然、その田畑から生産された農産物についても深刻な汚染が心配された。しかし、事故後の2011年4月以降に、耕し種を播いて育てられた農産物からは放射能はわずかしか検出されなかった。分析してみれば土は確実に放射能に汚染されているのに、そこから収穫された農産物からは放射能がわずかしか検出されないのである。それは特別な栽培方法、特別な田畑に見られる例外的、特殊的なことではなく、一般的で普遍的な現象だった。昨年の夏から秋にかけてこの事実を眼の当たりにして、驚き、感動して、これは『福島の奇跡』だと理解した。

2012年の春、原発事故後2年目の作付けが開始された。『福島の奇跡』は2年目の作付けにも顕れてくれるのかどうか。心配と期待が錯綜する半年だった。収穫の秋を迎え、結果は、昨年以上に『福島の奇跡』は明確に顕れた。ほんとうに良かった。後で述べるようにこれは『土の力』とそれを引き出した『農人たちによる農耕の結果』だった。まずはそのことに感謝と敬意を表したい。

具体的な測定データを例示しよう。農産物の放射能測定については福島県による測定データが飛び抜けて広範で厳密なので、以下の例示は福島県による測定値である。これらは福島県のホームページに逐次掲載公表されている。

米は、福島県では収穫された全ての米について自家飯米やクズ米も含めた全袋検査という気が遠くなるような測定体制で臨んでいる。総検査点数は1000万袋を越え（1011万6588袋）、そのなかで基準値の100ベクレル／kgを越えたものはわずか71袋に過ぎなかった（0・0007％）。基準値の4分の1未満となる25ベクレル／kg未満が99・78％（1009万4355袋）となっていた（この測定データを踏まえて260ページに図付2－3「農産物放射能汚染の点数分布モデル」を示しておいたので参照いただきたい）。

野菜についても膨大な測定件数にのぼっているが、ここでは直近の2012年9月20日～26日に採取分析された9月26日公表分について挙げておきたい。

測定数73検体、検出下限値以下（おおむね4ベクレル／kg以下）71検体、5～100ベクレル／kg2検体、101ベクレル／kg以上0検体。

果物については特産物であるモモを取り上げよう。モモはすでに収穫が完了している。データは2012年7月3日～9月27日までのものである。

測定数205検体　検出下限値以下（4ベクレル／kg以下）157検体、5～10ベクレル／kg41検体、11～35ベクレル／kg7検体、36～100ベクレル／kg0検体、101ベクレル／kg以上0検体。

厚生労働省が食品衛生法に基づいて設定した一般食品の放射性セシウムの安全性基準値は100ベクレル／kg以下である（ちなみに2011年3月に厚労省があわてて設定した暫定規制値は500ベクレル／kgだったが、2012年4月に右記に改訂された）。したがって福島の農産物は全て基準値以下であり、しかもその数値はきわめて低い。

こうした諸事実について私は『福島の奇跡』と呼称しているのだが、その一つの理由はチェルノブイリの経験と福島原発事故にかかわるこれらの事実は著しく異なっているからである。チェルノブイリの調査報告によれば、彼の地では農産物の汚染は数年間は高濃度で経過し、低下していくのは数年後からだったとされている。それに対して福島では農産物が高濃度で汚染されていたのは事故後2か月間ほどであり、それ以降は汚染度は劇的に低下していた。

なぜ福島ではこのような『奇跡』とも言うべき事態がつくられたのか。それは最初にも書いたように『土の力』とそれを引き出した『農人たちによる農耕の結果』だった。

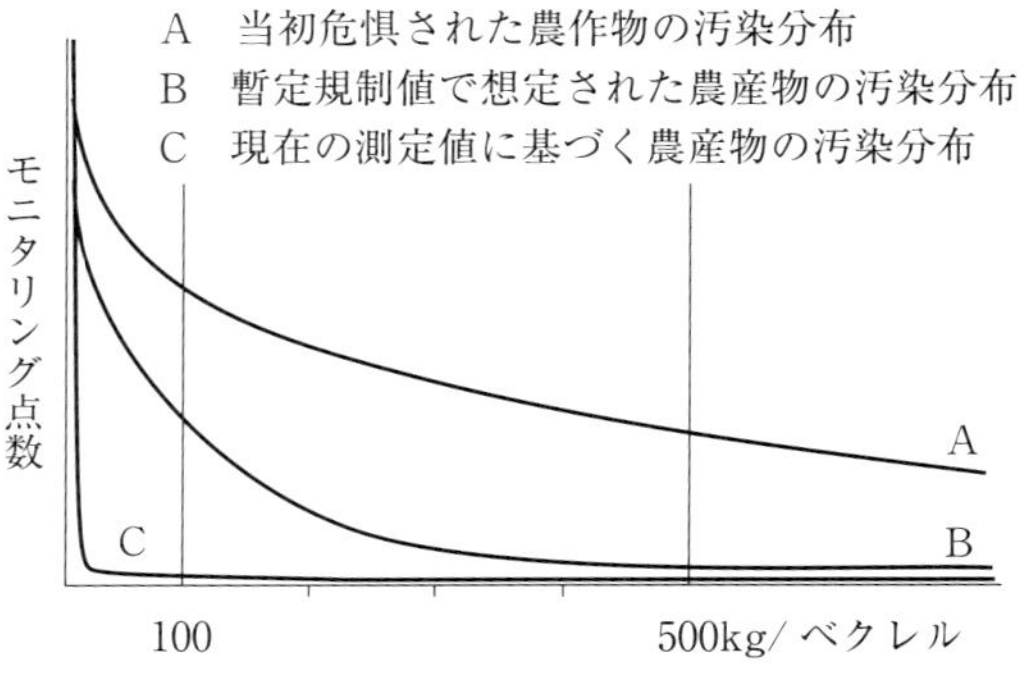

図付2−3　農産物放射能汚染の点数分布モデル

『土の力』とは、土が放射性セシウムを強く吸着固定して、作物への移行を強く阻害しているという意味である。また土は放射性セシウムから発せられるガンマ線を遮蔽してくれている。

『農人たちによる農耕の結果』とは、放射性セシウムがごく薄く表面に沈着していた田畑を農人たちが耕耘し、放射性セシウムを土（それは沈着した放射性セシウムの質量と比べれば膨大な量と評価できる）と丁寧に混和したという事実を主として指している。その結果、地表に沈着した放射性セシウムは土に吸着固定されることになった。

以上のことは一年生の作物については普遍的に言えることのようだが、モモなどの果樹（永年作物）についてはそのままでは当てはまらない。果樹は原発事故の放射能を直接浴びており、放射性セシウムは幹にも枝にも沈着したままとなっている。だからそのままでは果実には放射能が移行してしまう。事故後1年目の収穫物の測定値からはそうした危惧を感じさせるものがあった。そこで昨冬に果樹作農家は懸命に樹木の除染に取り組んだ。剪定を強め、樹皮を丁寧に剥ぎ、高圧水で徹底的に洗浄した。極寒のなかでの厳しい作業だった。モモ農家も多くは高齢者だが、お年寄りたちも含めて頑張りとおし、全てのモモの木は除染された。今年の暑い夏は、飛び切りおいしいモモを育ててくれた。だから今年のモモの安全とおいしさは果樹農家の頑張りと自然の恵みの結果としてあった。深く感動する出来事だった。」

また、本付章で紹介したコープふくしまの「陰膳調査」はその後、日本生協連としての全国調査として継続されている。その2011年と2012年のデータも次に紹介しておきたい（表付2－3）。以上、有機農業の技術論の終章として、深刻な原発事故の下で、福島の農業は土の力に支えられて甦りの道を拓きつつあることを紹介した。今回もまた、農は土に助けられたのだ。

岩手・三陸の友人からの便りによれば、津波被害で壊滅した三陸の海にも自然が甦り、たくさんの方々が亡くなった悲しみを背負いつつも、漁民たちの手で漁業が少しずつ再開されてきているとのことである。すごいことだと思う。三陸の海は、北上の山々に守られている。北上の山々からたくさんの落ち葉と腐葉土が三陸の海に流れ込み、海の豊かな自然の蘇りを支えてくれているらしいのだ。

3・11の大災害を振り返り、私たちの暮らしは、そして私たちのいのちは、土の恵み、山野の恵みと共にあることを、本書の最後に、お互いに再確認していきたいと思う。

表付 2-3　食事からの放射能摂取の実態

（日本生協連、2012 年 10 月 17 日）

	2012 年度上期調査			2011 年度調査		
地域	実施数	検出数	検出値（Bq/kg）	実施数	検出数	検出値（Bq/kg）
全体	334	3	検出せず～ 3.2	250	11	検出せず～ 11.7
岩手	20	0	検出せず	10	0	検出せず
宮城	54	1	検出せず～ 1.1	11	1	検出せず～ 1.0
福島	100	2	検出せず～ 3.2	100	10	検出せず～ 11.7
茨城	15	0	検出せず	10	0	検出せず
栃木	12	0	検出せず	10	0	検出せず
群馬	15	0	検出せず	10	0	検出せず
埼玉	12	0	検出せず	10	0	検出せず
千葉	15	0	検出せず	11	0	検出せず
東京	11	0	検出せず	10	0	検出せず
神奈川	10	0	検出せず	10	0	検出せず
新潟	20	0	検出せず	9	0	検出せず
山梨	10	0	検出せず	9	0	検出せず
長野	10	0	検出せず	10	0	検出せず
岐阜	2	0	検出せず	2	0	検出せず
静岡	10	0	検出せず	10	0	検出せず
愛知	5	0	検出せず	5	0	検出せず
三重	3	0	検出せず	3	0	検出せず
福岡	10	0	検出せず	10	0	検出せず

注：1. 検出限界は、セシウム 134、セシウム 137 それぞれ 1Bq/kg。
　　2. 検出値は、セシウム 134 とセシウム 137 の合計。

注

（1）菅野正寿・長谷川浩編『放射能に克つ農の営み――ふくしまから希望の復興へ』コモンズ、2012年

（2）東日本大震災と福島第一原発事故をめぐっては状況の変化に即して私は時事解説的に次のようなものを書いてきた。併せてご参照いただきたい。

中島紀一「『土の力』に導かれてふくしまで農の道が見えてきた」菅野正寿・長谷川浩編著『放射能に克つ農の営み』コモンズ、2012年

中島紀一「耕すことで農は復興への可能性を拓いた――春の苦悩に寄り添って」農文協ブックレット『脱原発の大義――地域破壊の歴史に終止符を』農文協、2012年

中島紀一「放射能汚染と食べもの――福島の農産物のセシウムはND。土のセシウムは農作物にわずかしか移行しなかった」『食べもの文化』2012年5月増刊号

中島紀一「福島農業再興に立ちはだかる社会の壁――原発事故二年目の福島農業の苦悩」『農村と都市を結ぶ』2012年7月号

中島紀一「『土の力』で農作物は汚染されなかった!」『食べもの文化』2012年11月号

中島紀一「福島第一原発事故を振り返って――『原発と有機農業』をめぐる戦略的論点――」『有機農業研究』第4巻1・2合併号、2012年

あとがき

農文協から本書の執筆の誘いを受けたのはだいぶ前のことだった。しかし執筆はなかなか進まなかった。本書をどのように書くべきかについていろいろな逡巡があったからだ。

私は自らの専門分野を「総合農学・農業技術論」と自称してきた。１９６５年に東京教育大学農学部に入学し、菱沼達也先生の門をたたき、以来、２０１２年３月で茨城大学を定年退職したいままでの47年間、この道を私なりに歩んできた。今回、定年退職という節目の時期に、本書を書く機会を得たのだから、農学徒としてのこれまでの模索を総括し、不十分であっても今の私の到達点から、体系的な農業技術論として有機農業技術論を取りまとめる、というあり方は当然、頭に浮かんだ。

本書の原稿をそのように書き始めたこともあった。しかし、その筆はなかなか進まなかった。最大の原因は自分の力不足によるものと自覚はしているが、その点は措《お》くとして、ここでの直接的な原因は、私自身の有機農業技術論への認識が刻々と変化しているという点にあった。自分としてはいま時点での刻々の変化はかなり重要な深化であると認識しており、そうした「深化」に重点をおいて考えていくと、自分の中にある過去のささやかな蓄積などは体系的に否定せざるを得なくなってしまう。しかし、「深化」の到達点に沿って新しい体系を論じようとしても、その「深化」が新しければなおのこと、準備不足、力不足のために、論述はすぐに行き詰まってしまう。

それでも、大学在職中は定年退職後には本書の執筆にたっぷりと時間がとれるとも期待していた。

しかし、それが夢想であることはすぐに判明してしまった。退職後、無職となったにもかかわらず、日々は在職時以上に多忙なのである。自分から拾い出し、探し出す雑事に追いまくられ、ともすれば体調を壊すところまで行ってしまう。これはおそらくこれまでの歩みの中で身についてしまった私の抜きがたい行動体質であり、執筆にゆっくりとした時間をかけるなどということは私の場合はあり得ないのだろう。

しかし、出版時期についての農文協との約束をもうこれ以上違えることもできない。とすれば本書の執筆のあり方について考え直し、現実的な修正を図るしかないことにやっと気がついた。そこで体裁は悪く、読者には読みにくくなってしまうと思われるが、まず、現時点で私が考えている有機農業技術論の骨格を紹介し、次に、私が仲間たちと共に有機農業技術論に関して模索的に考え現在に至ったプロセス（主として２００５年以降）をたどっていくというやり方で、したがって私がこの間に時々の記録として書きためてきたいろいろな文章を切り貼りしながら論述を進めることにした。そのため記述に整合性がとれていないところも出てきてしまった。しかし、現在の私としてはやむを得ないことだった。なにとぞご了解いただきたい。

私は2年前に、有機農業推進の政策論に関して『有機農業政策と農の再生』（コモンズ、２０１１年）を書いた。その終章を「新しい農本の世界へ」とした。3・11大震災後、間もなくのことだった。前著の終章と副題で「農本への道」を提起したことは、小心な私としては大きな心決めだった。私自身のそうした思いの経過からすれば、本書は、前著で提起した「農本への道」に関して農業技術論の面から具体的内容を取りまとめたものであり。私にとっては「農本主義の技術論」と言うこともできると考えている。まだ不十分なものだとは承知しているが、私としては本書がいまの到達点である。

そんな私としては本書を農の道をともに歩んできた仲間たちとの集団的検討の中間報告として執筆することができたことはまた大きな喜びである。各地の実践に学びつつ、また、先端的研究成果も取り入れつつ進めてきた技術論についての集団的検討作業はいまも続いている。現地での技術形成も素晴らしく展開しつつある。それらに教えられて、そう遠くない時期に、次のより進んだ中間報告もされるようになるだろう。本書がそうした歩みの一つの踏み台になれれば何より嬉しいことである。

これまで随分と各地を歩き、みなさんから教えをいただいてきた。また、みなさんの真摯な論議にも加えていただいてきた。学生諸君も含めて、たくさんの方々に支えられてきた。身勝手な私のことなので、その間には失礼なこともたくさんあったに違いない。お世話になった方々の数が多すぎて一人一人のお名前は挙げきれないが、失礼をお詫びし、深く感謝したい。ありがとうございました。

本書の執筆については農文協の豊島至編集局長、担当の阿部道彦さんにはたいへんお世話になりました。ありがとうございました。

２０１２年12月19日

北海道知床の地で農の道を歩む畏友本田廣一さんの農場で

中島紀一

【初出一覧】

第1章　書き下ろし
第2章　書き下ろし
第3章　書き下ろし
第4章　中島紀一「農業技術の時代的課題と展開方向――自然離脱の近代農業から自然共生型農業への転換」『21世紀農業・農村への胎動』（戦後日本の食料・農業・農村　第6巻）農林統計協会、2012年を基に大幅に改稿
第4章　補節　中島紀一「今日の農薬問題と有機農業の技術論」（第14回畜産経営問題研究会、1988年10月29日、於茨城県北浦村、での報告）
第5章　第4章と同じ
第5章　補節　中島紀一「『品種』と種採りについての農学的考察――『品種』は私的所有権と馴染まない」（2012年12月9日　日本有機農業学会第13回大会個別研究発表要旨集）に一部加筆
第6章　中島紀一「有機農業における土壌の本源的意味について」『有機農業研究』第2巻第2号、2010年
第7章　第4章と同じ
補章1-1　中島紀一「『放棄地』の草から見えてくること――農地と自然地の関係を見直す」（『現代農業』2009年11月増刊号）
補章1-2　中島紀一「『耕作放棄地』問題から『農地と自然地』について考える」（山崎農業研究所所報『耕』119号、2009年8月）
補章2　書き下ろし

著者略歴

中島紀一（なかじま　きいち）

1947年埼玉県生まれ。東京教育大学農学部卒。東京教育大学農学部助手、筑波大学農林学系助手、鯉淵学園教授を経て、2001年から茨城大学農学部教授、2012年から茨城大学名誉教授。専門は総合農学、農業技術論。茨城大学では付属農場長、農学部長などを務めた。また、日本有機農業学会の設立に参画し、2004年から2009年まで会長を務めた。民間運動の面では有機農業推進法制定に先立って「農を変えたい！全国運動」を提唱し、その代表を務め、現在はNPO法人有機農業技術会議の事務局長。

〈主な編著書〉

『食べものと農業はおカネだけでは測れない』コモンズ、2004年
『地域と響き合う農学教育の新展開』（中島紀一編）筑波書房、2008年
『有機農業の技術と考え方』（中島紀一・金子美登・西村和雄編）コモンズ、2010年
『有機農業政策と農の再生――新たな農本の地平へ』コモンズ、2011年

シリーズ　地域の再生 20

有機農業の技術とは何か

土に学び、実践者とともに

2013年2月28日　第1刷発行

著　者　　中島　紀一

発行所　　社団法人　農山漁村文化協会
〒107-8668　東京都港区赤坂7丁目6－1
電話　03(3585)1141（営業）　03(3585)1145（編集）
FAX 03(3585)3668　　振替　00120-3-144478
URL　http://www.ruralnet.or.jp/

ISBN978-4-540-09233-6　　DTP制作／ふきの編集事務所
〈検印廃止〉　　印刷・製本／凸版印刷㈱

シリーズ 名著に学ぶ地域の個性 （全5冊）

リーマンショック、ユーロ危機、世界同時不況……、グローバリゼーションの次は〝地域〟であることが誰の目にも明らかになってきた。大震災後、地域の絆の強さが注目され、その重要性が改めて再認識されている。
本シリーズは、明治大正期の、いわば日本の第一次国際化の時代に苦闘した先人たちの名著から、「地域」のもつ意味と地域再生の基本視角を探る。

1〈農村と国民〉柳田國男の国民農業論
牛島史彦 著　四六判上製240ページ　2700円＋税
「柳田農政論」の分析をとおして、地方間・産業間格差が一層顕在化した現代の農業問題を捉え直し、農の多面的機能への現実的な検証と活用策をさぐり、消費者を巻き込んだより国民的な農業観・農村観の確立を展望する。

2〈市場と農民〉「生活」「経営」「地域」の主体形成
野本京子 著　四六判上製224ページ　2600円＋税
「現代社会への転形期」と評される両大戦間期（1920～30年代）、農業・農村・農民は肥大化する市場や国家（農業政策）、社会の変化への適応能力をどのように獲得しようとしたか。人々に指針を示した農業・農村論や諸運動、むらにおける協調・協力の諸相と併せ浮き彫りにする。

3〈家と村〉日本伝統社会と経済発展
板根嘉弘 著　四六判上製292ページ　2900円＋税
戦後六十余年、「家」や「村」は、イデオロギー批判にさらされ、近代日本経済発展との関連については、一部を除きその重要性が正当に俎上に載せられないままできた。本書では、家や村が如何に日本経済発展に大きな役割をはたしたのかを論証する。

4〈経営と経済〉柳田・東畑の農業発展論 （13年7月刊予）
足立泰紀 著　四六判上製　予価2600円＋税
柳田国男―東畑精一を貫く農業の「内発的発展論」を、学説史的な視点をふまえつつも、現実認識に基づく「自立経営」構想論としてとらえ解析。そのような経済思想的系譜にある東畑の、産業組合論、農産物市場への分析と関連させながら、また柳田の時代との段階的差異をふまえ論述する。

5〈歴史と社会〉日本農業の発展論理
野田公夫 著　四六判上製296ページ　2900円＋税
構造政策の未達を市場原理不足のせいとする思考停止を根底から批判。日本農業の長い歴史過程の中からその〈個性〉を探り出し、それを日本の特殊性としてではなく、多様な世界を構成する一部と把握し、日本農業・農村の発展論理を抽出する。国籍不明の学問を排し、事物を類型論的に把握することの現代的意義を解明する。

地域を生き地域を実践する人びとから
新しい視点と論理を組み立てる

シリーズ地域の再生（全21巻）

既刊本（2013年1月現在。いずれも、2600円＋税）

1 地元学からの出発
結城登美雄 著
地域を楽しく暮らす人びとの目には、資源は限りなく豊かに広がる。「ないものねだり」ではなく「あるもの探し」の地域づくり実践。

2 共同体の基礎理論
内山 節 著
市民社会へのゆきづまり感が強まるなかで、新しい未来社会を展望するよりどころとして、むら社会の古層から共同体をとらえ直す。

4 食料主権のグランドデザイン
村田 武 編著
貿易における強者の論理を排し、忍び寄る世界食料危機と食料安保問題を解決するための多角的処方箋。ＴＰＰの問題点も解明。

5 地域農業の担い手群像
田代洋一 著
むら的、農家的共同としての構造変革＝集落営農と個別規模拡大経営＆両者の連携の諸相。世代交代、新規就農支援策のあり方なども。

7 進化する集落営農
楠本雅弘 著
農業と暮しを支え地域を再生する新しい社会的協同経営体。歴史、政策、地域ごとに特色ある多様な展開と農協の新たな関わりまで。

8 復興の息吹
田代洋一・岡田知弘 編著
東日本大震災・原発事故を人類史的な転換点ととらえ、その交点に位置する農漁業復興の息吹を、地域の歴史的営為の連続として描く。

9 地域農業の再生と農地制度
原田純孝 編著
農地制度・利用の変遷と現状を押さえ、各地の地域農業再生への多様な取組みを紹介。今後の制度・利用、管理のあり方を展望。

10 農協は地域に何ができるか
石田正昭 著
新自由主義による協同組合・協同運動解体路線を歴史と現状をふまえ批判し、属地性と総合性を生かした、地域を創る農協づくりを提唱。

12 場の教育
岩崎正弥・高野孝子 著
土の教育、郷土教育、農村福音学校など明治以降の「土地に根ざす学び」の水脈を掘り起こし、現代の地域再生の学びとつなぐ。

16 水田活用新時代
谷口信和・梅本雅・千田雅之・李侖美 著
飼料イネ、飼料米利用の意味・活用法から、米粉、ダイズなどを活用した集落営農によるコミュニティ・ビジネスまで。

17 里山・遊休農地を生かす
野田公夫・守山弘・高橋佳孝・九鬼康彰 著
里山、草原と人間の関わりを歴史的にとらえ直し、耕作放棄地を含めて都市民を巻き込んだ共同による再生の道を提案。

19 海業の時代
婁 小波 著
海洋資源や漁村の文化・伝統などの地域資源を新たに価値創造することで芽生えつつある、新しい生業や地域経済の姿をとらえる。

20 有機農業の技術とは何か
中島紀一 著
各地の農家の実践や土と微生物に関する研究の到達点に学び、特殊技術ではなく地域自然と共生する「農業本来のあり方」としての技術論を提起。

21 百姓学宣言
宇根 豊 著
農業「技術」にはない百姓「仕事」のもつ意味を明らかにし、五千種以上の生き物を育てる「田んぼ」を引き継ぐ道を指し示す。